心灵的救治

〔瑞士〕卡尔·古斯塔夫·荣格◎著

罗玲娟　姜　浩　翟雅婷　唐沁雯◎译

河北科学技术出版社

·石家庄·

图书在版编目（CIP）数据

心灵的救治 /（瑞士）卡尔·古斯塔夫·荣格著；罗玲娟等译. -- 石家庄：河北科学技术出版社，2024.6. -- ISBN 978-7-5717-2164-0

Ⅰ．B84-49

中国国家版本馆CIP数据核字第2024W7J913号

心灵的救治
XINLING DE JIUZHI

（瑞士）卡尔·古斯塔夫·荣格　著

罗玲娟　姜　浩　翟雅婷　唐沁雯　译

责任编辑	李　虎
责任校对	徐艳硕
美术编辑	张　帆
封面设计	寒　露
出版发行	河北科学技术出版社
地　　址	石家庄市友谊北大街330号（邮编：050061）
印　　刷	河北万卷印刷有限公司
开　　本	880mm×1230mm　1/32
印　　张	8.25
字　　数	180千字
版　　次	2024年6月第1版
印　　次	2024年6月第1次印刷
书　　号	ISBN 978-7-5717-2164-0
定　　价	58.00元

译者序

在这个信息爆炸的时代,我们每天都被各种各样的知识和信息所包围。然而,在这些纷繁复杂的信息中,关于我们内心世界的探索往往被忽视。卡尔·古斯塔夫·荣格(Carl Gustav Jung)的 Modern Man in Search of a Soul(常被译为《寻找灵魂的现代人》)是一本深入探讨人类心灵和精神世界的经典著作。在翻译这本书时,我意识到荣格的思想对现代人来说依然具有重要意义。书中提到的观点是对每个人心灵的挑战,它能够抚慰孤独与迷茫,化解焦虑与恐惧,帮助人们找到救治精神内耗的良方。因此,我没有遵从同类书的常规译法,而是将书名译为《心灵的救治》。

作为分析心理学的创始人,荣格在心理学领域的贡献堪称革命性。《心灵的救治》是荣格众多著作中的经典之一,深刻探讨了现代人在快速变化的社会中如何丧失并重新寻找自我的过程。

荣格生活在一个科学和理性主义迅猛发展的时代,传统的宗教信仰和价值观念受到挑战,个体在物质追求与精神寻求之间陷入困惑。作为弗洛伊德心理学派的一员，荣格最终之所以与弗洛伊德理念分道扬镳，主要是因为他认为弗洛伊德的理论过分强调性的角色，而忽略了人类心灵深处更为复杂的精神和文化因素。荣格通过自己的分析和研究，发展出了独特的分析心理学理论，强调潜意识和集体无意识在个人心理发展中的重要作用。

荣格认为，现代人面临的最大挑战之一就是失去了与自己内心的联系。在外部世界的压力和诱惑下，人们往往迷失方向，忽视内在生命的需要。因此，他强调"个体化"过程的重要性——一个旨在帮助个人识别并整合自身阴影面和潜在能力的过程，从而实现自我完善和内心和谐。

在这本书中，荣格通过分析现代社会的各种现象，探讨了现代人如何在物质与精神、科学与宗教之间找到平衡。他深入探讨了"集体无意识"和"原型"等概念，解释了它们如何影响人们的行为和心理状态。通过对梦境的分析、神话故事的引用，荣格向我们展示了一个丰富多彩的内心世界，鼓励我们勇敢地面对自己的阴暗面，挖掘自己的潜能。

本书不仅仅是理论的阐述，更是实践的指南。荣格提供了许多实用的技巧和方法，帮助读者进行自我探索和自我治愈。无论是通过梦境分析，还是通过创造性活动（如绘画或写作）表达内心世界，荣格都鼓励我们找到自己与内心对话的方式。

此外，荣格在书中也探讨了个人成长对社会整体的影响。他认为，每个人的个体化过程不仅对自己的幸福至关重要，也是社会进步与和谐的基石。当个体学会理解和接纳自己的内在多样性时，他们也会更容易理解和接纳他人，从而促进社会的包容性和多元化。

《心灵的救治》是一本适合所有渴望深入了解自己、寻找内心平和的人阅读的书。它不仅深刻洞察了现代人的心理困境，还提供了向内探索、发现真正自我的路线图。通过阅读这本书，你可能会开始重新审视自己的生活，学会倾听自己内心的声音，发现那些自己在日常生活中忽略的但对个人成长至关重要的内在资源。

译者

2024 年 1 月

目 录

001 / 第一章　梦境解析的应用

027 / 第二章　现代心理治疗的问题

054 / 第三章　心理治疗的目的

074 / 第四章　心理学的类型理论

095 / 第五章　人生的阶段

116 / 第六章　弗洛伊德与我

126 / 第七章　原始人

154 / 第八章　心理学与文学

175 / 第九章　分析心理学的基本假设

200 / 第十章　现代人的精神问题

230 / 第十一章　是心理治疗师还是牧师

第一章
梦境解析的应用

梦境解析在心理疾病的治疗方面，一直是个颇具争议的议题。但心理执业医师认为用这个方法治疗神经症是非常有必要的，因为梦境反映的心理活动和意识本身同等重要；相反，有些人质疑梦境解析的价值，他们把梦看作心理活动的副产品，不值一提。

很明显，如果一个人认为无意识是形成神经症的主要原因，那么他自然会认为梦境有实际作用，因为梦境是无意识的直接表现。反之，倘若一个人根本不承认无意识的存在，认为无意识对形成神经症根本没起到作用，他便会认为梦境解析是小题大做。那时已是1931年了，距离卡鲁斯（Carus）构想出无意识观已过去半个多世纪，距离康德（Kant）提出"模糊观念不可估量"过去了一个多世纪，距离莱布尼茨（Leibniz）假设一种无意识的心理活动也已经过去了将近两百年，更不用说距离让内（Janet）、弗卢努瓦（Flournoy）和弗洛伊德（Freud）等大师做出的贡献的时间了。即便如此，关于无意识是否真实存在依旧众说纷纭，褒贬不一，真是令人遗憾啊！但我只是研究梦境解析在实际治疗中的作用，所以不会替无意识假说进行辩护。虽然梦境解析的重要性和无意识假说息息相关。没有了无意识假说，梦境仅仅算是自然界里发生的怪事，由白天所见所闻残留的记忆碎片拼凑而成，毫无意义。如果这就是对梦境的解析，那么本书接下来的讨论就显得多余了。但是，倘若我们要用梦境解析作为治疗神经症的方法，就必须承认无意识的存在。梦境不仅可以反映人的心智，还可以揭示与神经症有关的无意识的心理活动。假如不承认无意识的存在，梦境解析的可行性也就不存在了。

鉴于假设无意识是神经症的主要成因，梦境则是无意识心理活动的直接表现，所以从科学的角度看，梦境解析是完全行得通的。通过这一系列努力，我们不仅希望可以看到疗效，还希冀对神经症的成因形成科学的见解。然而，于执业医师而言，科学性研究发现，充其量只是治疗过程中一个不错的产物，他不会因此就将梦境解析运用到病人身上，仅仅为了弄清楚所谓的心理成因。当然，他也相信这种科学见解具有其治疗价值。而在这种情况下，执业医师会把梦境解析当作自己的职业义务之一。众所周知，弗洛伊德学派就认为，只要剖析出无意识的成因，也就是说，将无意识成因详细讲给病人听，让其意识到自己陷入困境的根源，便能取得显著的治疗效果。

假设我们目前认同这种期望是基于事实的，那么我们可以聚焦探讨这一问题，即梦境解析是否能够发现神经症形成的无意识原因，以及它是否能够独立完成此任务，或者必须与其他方法相结合。关于这一点，弗洛伊德的观点众所周知。根据我的经验，这一观点得到了证实，因为我发现梦境经常能以显而易见的方式揭示神经症中的无意识因素。通常是治疗初期的梦境做到了这一点——我指的是那些患者在治疗开始时报告的梦。以下是一个具体例子。

有个很有地位和名气的人找过我咨询。他因焦虑和不安全感而痛苦，抱怨有时感到头晕、恶心、头重和呼吸困难——这些症状与高山病完全相符。他的职业生涯非常成功，凭借雄心、勤奋和天赋，从贫穷农民的儿子起步，逐渐攀升，最终获得了一个重要职位，为他提供了更多社会晋升的机会。正当他达到一个可以开始攀登社会高层的位置时，他的神经症突然出现了。在讲述到这个阶段时，病人忍不住发出了那个带有陈词滥调的感叹，以"就在我……的时候"开头。他所有的高山病症状都与他所处的特殊情况高度吻合。他带来了前一晚的两个梦。

第一个梦是这样的："我再次回到了我出生的小村庄。一些与我一起上学的乡村男孩站在街上。我从他们身边经过，假装不认识他们。我听到其中一个指着我说：'他很少回我们的村子。'"无须深奥的解析，就能得出这是对梦者职业生涯初期的暗示。梦清楚地表明：你忘记了你是从多么低的起点开始的。

　　第二个梦是这样的："我非常匆忙，因为我要去旅行。我找寻我的行李，但找不到。时间飞逝，火车即将离开，最后我终于把所有东西都凑齐了。我沿着街道匆匆赶路，发现忘记了装有重要文件的公文包，气喘吁吁地跑回去，最后找到了，然后向车站跑去，但几乎走不动。最后我拼尽全力冲上月台，只见火车正驶向车场。火车很长，呈奇怪的 S 形曲线行驶。我想，如果司机不小心，在进入直线路段时全速驶，最后的车厢仍在弯道上，将会被车速甩出轨道。事实上，当我试图喊叫时，司机确实加大了油门。最后的车厢剧烈摇晃，实际上脱轨了，发生了可怕的灾难。我惊恐地醒来。"

　　在这里，我们也可以不费太多力气理解梦境所代表的情境。它描绘了患者为进一步提升自己而疯狂地往前赶。由于火车司机不加思考地继续前进，火车的车厢开始摇晃并最终翻倒，也就是，发展成了一种神经症。很明显，在他生活的这个阶段，患者已达到他职业生涯的最高点——从卑微的出身开始的长期攀升已耗尽他的力量。他本应满足于自己的成就，但他被雄心驱使，试图攀登他不适合的成功高峰。神经症作为一种警告降临在他身上。这种情况阻止了我对这位患者的治疗，我的观点也未能让他满意。结果，事情就按照梦中那样发展了。他试图利用诱惑他野心的上升机会奋力向前，结果用力过猛偏离了轨道，以至于在现实生活中真的发生了像火车脱轨般的事情。患者的病史让人推断，高山病指向了他无法进一步攀升的可能。他的梦境也证实了这一推断，梦境中无能为力的感觉成为事实。

在这里，我们发现了梦的一个特点，而在讨论梦的解析是否适用于神经症的治疗时，这个特点必须被首先考虑。梦境展现了做梦者的主观真实写照，意识却否认这种状态的存在，或者只是勉强承认。病人意识中的自我认为他没有理由不继续向前，他继续为升职而奋斗，拒绝承认他实际上已经升迁无门了，这一情况其实在后来都已经得到证实。在这种情况下，如果我们听从心理意识的命令安排，那么我们会一直心存疑虑，不愿承认事实。我们可以从病人口述的病史中得出相反的结论。毕竟，不想当元帅的士兵不是好士兵，许多穷人的儿子也取得了巨大的成功。为什么我的病人不能这样呢？既然我的判断有误，为什么我的猜测要比他的更可靠呢？在这种有争议的情况下，梦带来了答案，因为梦是不受意识控制的，是心里自然产生的想法。它呈现的是做梦者主观状态的真实情况。它既不遵循我的猜测，也不是病人对事情应该如何发展的看法，它只是简单地讲述事情的原状。因此，我得出的办法是做梦就如同我们的生理现象一样。如果尿液中出现糖分，那么说明尿液含有糖分，而不是白蛋白或尿蛋白，以及其他可能的东西。也就是说，我把梦看作有助于诊断和治疗的宝贵事实。

梦的特点是给予我们超出所求的东西，我刚才引用的那些梦也是如此。它们不仅允许我们洞察神经症的成因，还提供了预后。更重要的是，它们向我们展示了治疗应该从何处开始。患者必须被阻止全力向前冲。这正是他在梦中告诉自己的事情。

我们先暂且满足于这一提示吧，然后回到梦是否能让我们解析神经症的病因这个问题上。我已经列举了两个梦，它们确实解析了神经症的病因。我也可以列举出更多的梦，虽然它们并不复杂，但是不能解析这个病因。现在，我不想讨论那些需要进行深入分析和解释的梦。

在神经症的世界里，有些谜团只有在分析结束时才能揭晓，有时即便揭开了秘密，也似乎对痊愈无甚帮助。这让我想起弗洛伊德曾说过的话："为了治疗，病人需要了解困扰自己的根源。"这种说法，就像是古老创伤理论的延续。我并不否认，很多神经症都与过去的伤痛有关，但我不认同所有神经症都来自孩提时期的某个刻骨铭心的经历。这样的观点，就像是走进了因果的迷宫。医生总是追问过去的"为什么"，却忽略了同样重要的"为了什么"。这样的做法，有时反而会让病人陷入迷茫——他们必须在记忆的深渊中搜寻，可能要追溯到几年前的童年，寻找一个可能并不存在的事件，眼前紧迫的事务却被置之不理。单纯追溯因果，有时并不能完全理解梦境或神经症的真正意义。只从梦中寻找神经症的隐秘起源，会有失偏颇。我所分享的梦境不仅揭示了神经症的起因，它们还像是未来之窗，预示着治疗的方向。要知道，很多梦并不直接触及神经症的根源，而是探索其他领域，如病人对医生的看法。我想用一个患者的三个梦来举例说明。

第一个梦:"我要穿越边境到邻国去,但没人告诉我边界在哪儿,我自己也找不到。"这段治疗很快就结束了,没有取得成功。

第二个梦是这样的:"我要穿越边境。是个漆黑的夜晚,我找不到海关。长时间搜寻后,我在远处看到一点微光,猜想那里可能就是边境。但要到达那里,我得穿过一个幽谷,走过一个黑暗的森林,在那里我迷失了方向。然后我发现有人和我同行。这个人突然像精神残疾者一样紧抱着我,我惊恐地醒来。"这一次的治疗也在几周后因混乱而终止。

第三个梦发生在患者转到我这里的时候。她梦到:"我要穿越边境,其实,我已经过了,发现自己在一个瑞士海关。我只带了一个手提包,以为没什么好申报的。但海关官员搜我的包时,竟然从中取出了两个成人大小的床垫。"在接受我的治疗期间,患者结了婚,但她对治疗并不是没有强烈的抵触情绪。她神经质般的抵触情绪是在几个月后才显露出来的,而在这些梦境中找不到一丝线索。这些梦,都像是在预示她在治疗师那里将要面临的挑战。

我可以给你讲更多这样的梦,但这些已经足够说明一个奇妙的事实:梦境有时能预知未来。但如果我们只用因果关系来解析它们,它们的神秘魅力就消失了。这三个梦透露出分析过程中的一些线索,理解这些对治疗来说超级重要。第一位医生洞察了情况,把患者介绍给了第二位医生。在那里,她通过自己的梦做出了决定,并选择了离开。我对她的第三个梦的解析让她很不开心,但梦里已经越过边界的情景给了她勇气，让她决定不管怎样都要继续前行。

开始时的梦通常很清晰，像是透明的窗户。但随着分析的深入，梦境就变得模糊，不再那么清晰。如果梦境一直保持清晰，那么可能意味着分析还没触及个性中的某个重要部分。通常治疗开始不久后，梦就变得越来越模糊。解读它也变得越来越困难，部分原因是医生可能还没完全理解整个情况。实际上，说梦境难以理解，其实是医生的主观看法。其实没有什么是不清晰的，只是当我们不理解时，事情才会显得难以理解和混乱。梦境本身是清晰的——它们就是在特定条件下应有的样子。回头看看那些我们曾觉得"难以理解"的梦，我们会对自己当初的盲目感到惊讶。随着分析的进行，我们会遇到与最初的梦相比更加模糊的梦。但医生不应该太肯定这些后期的梦是混乱的，也不应该急于指责患者故意抵抗。他更应该把这看作自己理解能力下降的信号。精神病医生也容易把患者的行为称作"混乱"，而他其实应该意识到这是自己的感觉，并承认自己的困惑，因为真正变得困惑的是他在面对患者奇特行为时的理解力。而且，对于治疗来说，分析师有时承认自己的理解不足是很重要的，因为对患者来说，被永远理解其实是一种负担。患者太依赖医生的洞察力，并通过挑战医生的自信，为他设下陷阱。依赖医生的自信和"深刻"理解，患者会失去现实感，陷入固定的移情状态，并阻碍治疗。

理解是一个主观过程。它可能非常片面，比如医生理解了，但患者没有。在这种情况下，医生有时会觉得有责任说服患者。如果患者不接受，医生可能会认为他在抵抗。当我单方面理解了事务的本质后，我发现强调自己的不理解是很有帮助的。医生是否理解并不重要，关键是患者要理解。真正需要的是双方的共同认同，这是经过双方共同思考的结果。如果医生根据某种理论立场预判梦境，并做出可能在理论上合理却没赢得患者同意的判断，那么这种理解是片面的，因此是危险的。就实践意义而言，如果这种判断失败了，它就是不正确的；它也可能是错误的，因为它预判并削弱了患者的实际发展。如果我们试图强行灌输一个真理，我们就只是在影响患者的头脑；如果我们帮助患者在自己的发展过程中逐渐领会这一真理，我们就触及了他的内心，这种诉求更深刻，作用更大。

当医生的解析只建立在单一理论或既定观念上时，他说服患者或取得治疗成效的机会主要靠的是暗示的力量。我们要清楚，暗示本身固然有其作用，但它的局限性很大，对患者的独立人格发展可能产生不利影响。有实践经验的分析师深信，扩大意识范围，将人格中无意识的部分显现出来，并对其进行有意识的辨别和批判。这是一场挑战，要求患者正视自己的问题，动用自己的判断和决策能力。它不仅仅是道德感的挑战，更是对整个人格的召唤。因此，从个人成长角度看，分析方法远比依赖暗示的治疗手段来得高级。暗示只是一种在幕后施展的魔法，对个人的道德成长不提出要求。依赖暗示的治疗手段不过是权宜之计，与分析治疗的原则不合，因而应予避免。当然，只有在医生意识到暗示可能从各种途径渗透时，才能避免它。即便在最理想的情况下，仍然存在大量的无意识暗示。

渴望排除有意识暗示的分析师必须认识到，只有患者认同的梦境解析才是有效的。他必须持续探索，直到找到一个得到认可的解释。我认为，这是一个必须始终遵循的原则，尤其是在处理那些因为医生和患者双方理解不足而显得模糊的梦境时。医生应该将每个梦境视为一个新的起点——一个关于未知情况的信息源，他和患者都有很多东西需要学习。显而易见，他不应该持有基于特定理论的预设观点，而是应该在每一个案例中都准备好构建一个全新的梦境理论。在这个领域，仍有许多开拓性的工作待做。

有种观点认为梦境只是被压抑和隐藏的愿望，然后在想象中展现出来，但这个观点早过时了。当然，有些梦境确实体现了被压抑的愿望和恐惧，但梦境能够展现的不止这些。梦境可能传达无法回避的真理、哲学观点、幻觉、奇想、回忆、计划、预见、非理性体验，甚至心灵感应，等等。有一件事我们绝不应忘记：我们几乎一半的生活是在不太清醒的状态中度过的。梦境是人们无意识表达自己的方式。我们可以把意识视为人类心灵的白日领域，并将其与我们以幻想感知的无意识心理活动的夜晚领域相对比。毫无疑问，意识不仅包含愿望和恐惧，它的内涵远不止这些。无意识心理很可能包含着与意识一样丰富，甚至更丰富的内容和生命形式，而意识则以集中、限制和排他为特点。

在这个问题上，我们绝不能将梦的深意削减到仅符合某个狭隘理论的程度。需要牢记的是,有不少患者会在梦中模仿医生的技术或专业术语,这种情况并不罕见。语言的误用是无处不在的。我们常常不易察觉到自己是如何因为观念的滥用被蒙蔽的,有时候似乎连无意识也受医生自身理论的束缚。因此,在分析梦境时,我尽量避免过度依赖理论。当然,理论在使事物可理解方面仍然不可或缺。正是基于理论,我期望梦是有其深层意义的。我无法在每个案例中都证明梦境是有意义的,因为有些梦连医生也无法理解。但为了勇敢地面对它们,我必须假设它们具有潜在的意义。认为梦在意识层面有重要贡献,且未能做到这一点的梦是未得到妥善解读的,这也是一种理论上的设想。但为了让自己明确为何要分析梦,我必须接受这个假设。另外,关于梦的本质、功能和结构的任何假设都仅仅是一种指导原则,并且必须不断调整。我们在分析梦时,片刻也不能忘记,我们正处于一个充满不确定性的领域。对于梦境解析者来说,一个合适的警告——尽管听起来颇为矛盾——可能是"随心所欲,但别试图去理解它"。

当我们面对一个晦涩难解的梦时,我们的首要任务不是去理解和解释它,而是要小心翼翼地构建其上下文。我所指的并非从梦中的每一个画面出发的无限"自由联想",而是对那些与特定画面直接相关的联想进行细致而有意识的阐释。许多患者需要受到教导去完成这一任务,因为他们急于像医生一样去理解和给予解释,尤其是那些已经通过阅读或之前错误的分析而受到教育或误导的患者。他们按照理论给出联想，也就是说，他们尝试着去理解和解释，因此几乎总会陷入僵局。就像医生一样，他们渴望立刻揭开梦的表面，错误地认为梦只是掩盖了真实含义的外壳。我们或许可以将梦称作一种表象，但必须记住，大多数房屋的外观并不是用来欺骗我们的，而是遵循了建筑的设计并往往显露出其内部结构。梦境的"显现"画面即是梦本身，包含"潜在"的意义。如果在尿液中发现了糖分，那就是糖分本身，而不是掩盖蛋白质的幌子。当弗洛伊德谈论"梦的表象"时，实际上他谈论的不是梦本身，而是梦的晦涩性，这其实是他将自己的不理解投射到梦上。我们之所以说梦有虚假的表象，是因为我们看不透它。我们更应该说，我们正在处理的像是一段难以理解的文本，并非因为它有外壳，而是因为我们不懂如何解读它。所以，我们要做的不是探究这样一篇文章背后的含义，而是必须学会如何阅读它。

正如我们之前所强调的，要想准确解读梦境，建立其上下文是关键。我们不能单靠自由联想来解读梦境，就如同我们不能用这种方法来破译赫梯文一样。虽然自由联想能帮助我们挖掘个人深层的心理复杂性，但若只是为此，我们甚至可以从报纸的一句话或一块"禁止入内"的标识出发，而不必从梦开始。如果我们对梦进行自由联想，我们的内心纠葛或许会显现，但我们很难真正揭示梦的含义。为了达到这一点，我们必须尽可能贴近梦境中的具体图像。比如，当一个人梦到一张松木桌子时，将它与自己的非松木写字台联系起来并无太大帮助。梦境明确指向了一张松木桌。如果梦者对此毫无联想，他的犹豫暗示着梦境图像周围的某种特殊黑暗，这是值得怀疑的。我们本可以期待他对松木桌有众多联想，但当他找不到任何一个时，这必定有其深意。在这种情况下，我们应该反复回到这个图像上。我会对病人说："假装我完全不知道'松木桌'是什么，描述这个物体，并告诉我它的历史，让我无法不明白它是什么。"这种方法可以帮助我们建立特定梦境图像的大部分上下文。当我们对梦中的每个图像都做了类似的工作后，我们就为分析梦境做好了准备。

每一次解释都是基于假设，因为它只是尝试解读一段陌生的文本。一个模糊的梦，仅凭自身，很难被确切解释，因此我并不太重视解析单个梦境。然而，对于一系列的梦，我们可以对自己的解析有更多的信心，因为后来的梦会纠正我们在处理前面的梦时犯下的错误。在解读一系列梦境中，我们也更能识别重要的内容和核心主题。因此，我鼓励病人仔细记录他们的梦及其解析。我还指导他们按照我之前提到的方式来整理他们的梦境，以便他们能将梦及其上下文的材料写下来带给我。在分析的后期，我也让他们自己尝试解析。这样，病人就学会了在没有医生帮助的情况下向无意识寻求指引。

如果梦仅仅揭示了神经症的成因，我们大可放心地让医生独自处理。然而，如果我们对梦的期望仅是一些对医生有益的提示和洞见，我这种处理方式就显得多余。但正如我通过一些例子所展示的，梦可能包含的远不止对医生的实际帮助，因此对梦的分析值得被特别重视。有时，这确实关乎生死大事。

  在这类案例中，我尤其印象深刻的是一位在苏黎世的同事的经历。他年龄比我稍长，我们偶尔会见面。每次见面，他都会对我的梦境解析兴趣开玩笑。有一天，我在街上遇见他，他问我："最近怎么样？还在解梦吗？顺便说一下，我又做了一个荒唐的梦。这个梦也有意义吗？"他梦见："我正在攀登一座覆盖着雪的高山，越爬越高——天气绝佳。我爬得越高，感觉越好，心想：'要是我能永远这样向上爬就好了！'当我到达山顶时，我感到无比的快乐和兴奋，甚至觉得自己能直接飞升到太空。我发现自己真的能做到这一点。我在空中继续攀升。我在真正的狂喜中醒来。"当他讲完梦后，我对他说："亲爱的，我知道你无法放弃登山，但我恳求你，从现在开始不要再独自一人去登山。出发时请带上两名向导，并且你必须保证遵守他们的指示。"他笑着回答："无法改变！"然后告别了我。那是我最后一次见到他。两个月后，第一次意外发生了。他独自外出时被雪崩掩埋，幸运地被偶然路过的一支军事巡逻队及时救出。三个月后，他的生命终结了。他和一个年轻朋友一起去爬山，但没有带向导。在下方的一位登山者看到他在攀登岩壁时，一脚踩空。他摔在了下面等待的朋友头上，两人都从高处摔下，粉身碎骨。这正是"狂喜"一词的真正含义。

  无论多少怀疑和批判性的保留，都无法让我忽视梦境这一事件的重要性。梦常常看似毫无意义，但显然是我们缺少解读这来自心理夜间领域的神秘信息的智慧和能力。考虑到人的生活有一半是在这个领域中度过的，意识在这里扎根，无意识在清醒中活动，医生显然应当通过系统地研究梦境来提升其洞察力。没有人质疑意识体验的重要性，那么，为何我们会对无意识事件的重要性提出疑问呢？它们同样是人类生活的一部分，有时对我们的福祉或灾难的影响甚至比白日的事件还要深刻。

梦揭示了内心深处的秘密，向做梦者展示了其个性中隐藏的因素。只要这些因素未被发现，它们就会扰乱做梦者清醒时候的生活，并仅以症状的形式暴露。这意味着我们不能仅从意识层面有效地治疗患者，而必须通过改变无意识来进行治疗。根据目前的了解，只有一种方法可以做到这一点：必须彻底而有意识地同化无意识内容。所谓"同化"，是指意识和无意识内容的相互渗透，而不是像常人误解的那样，单方面由意识思维评价、解析和扭曲无意识内容。至于无意识内容的价值和意义，目前流传着很多错误的观点。众所周知，弗洛伊德学派对无意识持贬低的态度，就像它对原始人的看法一样，认为他们几乎不比野兽好多少。它关于部落中可怕老人的童话故事和关于"幼稚—变态—犯罪"的无意识的说法，使人们将无意识视为一种危险的怪物，而实际上它是非常自然的存在。难道所有好的、合理的、美丽的和值得追求的东西都只存在于意识中吗？世界大战的恐怖难道还没有让我们睁开眼睛吗？我们难道还没有看到，人的意识思维比无意识更加邪恶、更加变态吗？

我最近遭遇的一项批评是，若我的关于无意识同化的理论被普遍接受，它将破坏文化价值，并以牺牲我们最高尚价值为代价，赞美原始性。这种看法往往源于一种误解，即认为无意识是个可怕的怪物。这种观点是对自然和真实生活的本能恐惧的反映。弗洛伊德创造了"升华"这一概念，试图将我们从无意识的虚构魔爪中解救，但实际存在的东西无法通过类似炼金术般的提炼和升华改变。如果有什么看似被升华，那它本来就不是错误解析所认为的那样。

无意识并非恶魔般的怪物，而是在道德感、审美品位和智力判断上完全中立的，是自然存在的。只有在我们对它的认知态度变得极端错误时，它才会变得危险。这种危险随着压抑的增加而增加。一旦病人开始吸收先前无意识的内容，无意识的威胁便开始减少。随着同化过程的进行，它结束了人格的分裂，以及由心理两个领域分离引发的焦虑。我的那位批评者所担心的——无意识压倒意识——最有可能发生在通过压抑将无意识排除在生活之外，或者被误解和贬低的情况下。

一个常见的根本性误解是，人们以为无意识的内容是绝对明确的，它或是正面的，或是负面的，但永远不会改变。然而，我认为这种看法过于简化了。心理是一个自我调节的系统，它像身体一样维持着平衡。任何过度的过程都会立即引起必要的补偿性反应。没有这种调整，就不可能有正常的新陈代谢或正常的心理状态。我们可以将补偿视为心理活动的一条基本规律。一方面的不足会导致另一方面的过剩。意识与无意识之间的关系是互补的。这一容易验证的事实为梦境解析提供了重要指导。因此，当我们开始解析一个梦时，问自己："这个梦是在补偿什么样的意识态度？"这个问题总是对我们的理解大有帮助。

尽管补偿有时呈现为愿望得以实现的样子，但它更常以实际情况的面貌出现，且我们越尝试压抑它，这种情况就显得越真实。正如我们不能通过压抑来解决口渴一样，梦境的内容也应被视为真实发生在我们身上的事件，它应被认为是构建我们意识观点的重要因素。如果我们忽视这一点，我们就会形成单一的意识态度，这一开始便会引发无意识补偿。而这种方式对我们能否准确评价自己，或在生活中找到平衡都无能为力。

如果有人试图以无意识表达，他就只能通过压抑有意识的观点来达到目标，而意识随后将以无意识补偿的形式重现。这样，无意识将彻底转变其面貌，完全逆转其立场。它将变得谨慎而理智，与之前的表现形成鲜明对比。尽管普遍观念不认为无意识会如此运作，但这类逆转实际上不断发生，构成了无意识的核心功能。这就是为什么每个梦都是信息的源泉和自我调节的工具，也是我们在构建个性过程中最有效的辅助手段。

无意识本身并不蕴藏着危险因素，但当它受到那些自以为是或胆怯的意识观点对它的打压时，它就可能变得像定时炸弹一样危险。正因为如此，我们更应该关注无意识。正因如此，我在尝试解读梦境之前，总要先问这样一个问题：这个梦是对哪种意识态度的补偿?这样做,就能把梦与意识状态紧密联系起来。我坚信,除非我们清楚地了解意识状态,否则我们不可能准确地解析一个梦。因为只有基于这种了解,我们才能判断无意识内容是正面还是负面。梦并不是与日常生活完全脱节的孤立的心理事件。如果它在我们眼中似乎如此,那仅仅是因为我们缺乏理解。事实上,意识与梦之间的关系是严格的因果关系,它们以极其微妙的方式相互作用。

我想通过一个例子来说明理解无意识内容的真实价值是多么重要。一位年轻人向我叙述了这样一个梦:"我父亲正在驾驶他的新车离家而去。他的驾驶技术很糟糕,让我对他的明显愚蠢感到非常气愤。他时而前进时而后退,反复将车开进狭窄的空间。最后,他撞上了墙,严重损坏了车子。我气急败坏地对他大喊,责备他应该认真点,好好开车。我父亲只是笑了笑,然后我发现他喝醉了。"这个梦并没有现实依据。做梦者坚信,即使他父亲喝醉了,也不可能做出这样的事。这位年轻人自己也开车,他驾驶时非常小心,开车时从不喝酒。糟糕的驾驶,甚至是车子的轻微损伤,都会让他极为生气。他与父亲的关系很好,他钦佩父亲及其获得的成功和地位。我们可以直接说,这个梦对父亲的描绘极为不利。那么,对于这位儿子来说,我们该如何理解这个梦的意义呢?他与父亲的关系只是表面上好,而儿子借这个梦实际上是在表达一种过度补偿(over-compensated resistances)的反抗吗?如果是这样,我们应该给梦境内容一个积极的标记。

我们需要告诉这位年轻人："这才是你与父亲的真实关系。"但由于我在这位年轻人与父亲关系的事实中找不到任何值得怀疑或神经质的迹象，我没有理由用这样一种破坏性的声明来扰乱年轻人的情感。这样做可能会影响治疗的效果。

但如果他与父亲的关系确实非常好，为什么梦境会编造这样一个不切实际的故事来诋毁他的父亲呢？做梦的年轻人的无意识显然有产生这样一个梦的倾向。他是否在某种程度上仍然对父亲抱有抵触情绪，可能是因为嫉妒或某种自卑感？但在我们急于给这位敏感的年轻人带来心理负担之前（我们经常可能过于轻率），最好暂时放下他为什么会做这个梦的问题，转而问问自己："这个梦想要表达什么？"这个案例的答案是，他的无意识显然试图贬低他的父亲。如果我们把这看作一种补偿，我们得出的结论就是，他与父亲的关系不但良好，而且可能过于亲密。这位年轻人实际上可以被称为"父亲的小儿子"。他的父亲在很大程度上仍是他生存的保障，他本人也就没有自己独立生活。生活中太多父亲的影子也使他不能够实现自我，这就是为什么无意识制造了不靠谱的事：它试图降低父亲的地位，提升儿子的地位。我们可能会认为这是"不道德的行为"。每一位缺乏洞察力的父亲这个时候都会为自己辩护，认为是儿子不孝。但这个补偿完全说明了一切。它迫使儿子与父亲进行比较，这也是儿子能够认清自我的唯一方法。

这种解释显然是对的，因为它深刻地触及了核心。这位年轻人自发地对这种解析产生了共鸣，同时它既没有损害他对父亲的感情，也没有影响父亲对他的感情。然而，这种解析的成立是建立在对父子关系进行全面的意识层面调查之上的。如果缺乏对意识状态的深入了解，梦境的真实意义仍然会是一个未解之谜。

对于梦境内容的同化，最重要的是不能伤害有意识人格的真正价值。如果有意识的人格被摧毁，甚至被削弱，那么就没有人可以进行同化了。当我们认识到无意识的重要性时，我们就不会进行布尔什维克式的实验，弄得上下颠倒了。这只会导致我们试图要纠正和改变的情况再次冒出来。我们必须确保有意识的人格保持完整，因为只有当有意识的人格与我们合作时，我们才能使无意识的补偿产生良好的效果。在同化一个内容时，绝不是"这个或那个"的选择问题，而是"这个和那个"的合并问题。

解释梦需要完全了解人的意识状态，弄清楚梦中的象征含义，也需要考虑到做梦者的哲学、宗教和道德信仰。在实践中，更明智的做法是不将梦境符号视为固定的标志或症状，而应将它们视为真正的符号——尚未被意识认识或概念化的事物。此外，我们还需要将这些符号与做梦者当前的意识状态联系起来。我强调这种处理梦境符号的方式是基于实践考虑的，因为理论上确实存在一些相对固定的符号，它们的含义绝不能简单地被关联到任何已知的内容或可以概念化的事物上。如果没有这些相对固定的符号，我们就无法确定无意识的结构，在无意识中将没有任何可以明确把握或描述的内容。

将不确定的内容赋予相对固定的符号,这听起来或许有些不寻常。但正是这种不确定性,使得符号区别于单纯的标志或症状。众所周知,弗洛伊德学派使用了一些固定的性欲"符号",我倾向将这些视为标志,因为它们被用来代表性欲,而性欲被视为某种明确的事物。实际上,弗洛伊德对性的概念十分灵活,模糊到几乎可以包含任何事物。这个词虽然耳熟能详,但它所指涉的含义是一个难以确定的变量 x,这个变量从生理活动一直延伸到精神层面。教条主义都是基于一个假象,认为我们对任何事物的认识是因为它有一个名字,我不认同这个观点。相反,我更愿意将符号视为未知、难以识别且难以完全确定事物的象征。以所谓的阳具符号为例,尽管它们被认为仅代表男性生殖器,但从心理学角度来看,如克拉内费尔特(Kranefeldt)指出,男性生殖器本身也是一个象征图像,其更深层次的含义并不易确定。和前人一样,今日的原始人自由使用阳具符号,却从未将其作为仪式符号的法力棒与阴茎混淆。他们总是将法力棒理解为创造力量、治愈力和生育力,用莱曼(Lehmann)的话说,是"异常强大之物"。它在神话和梦中的对应物包括公牛、驴、石榴、阴道、公山羊、闪电、马蹄、舞蹈、犁沟中的神秘交合和月经液等。所有这些图像和性本身背后的,是一个难以捉摸的原型内容,其在心理学上最佳的表达便是原始的法力符号。在上述每一个图像中,我们可以看到一个相对固定的符号,即法力符号,但我们不能确定,它们出现在梦中时就没有其他含义。

出于实际考虑，我们要有另一种对梦的解释。当然，如果我们必须根据科学原则彻底分析梦境，就应该将每个这样的符号都与某个原型相关联。但在实践中，这种解析可能是一个严重的误解，因为患者的心理状态可能需要的是超越梦的理论的东西。因此，为了治疗，我们应该寻找符号在意识状况中的意义，换句话说，就是将它们视为不固定的符号来处理。这也就意味着我们必须放弃所有先入为主的观点，不管它们让我们感觉多么博学，而是尝试从患者的角度去发现事物的意义。如果我们这样做，我们的解释虽然不会在很大程度上满足梦的理论（实际上，我们在这方面做得还很不够），但是如果医生过于依赖固定符号，就有陷入单调和教条主义的困境的风险，无法满足患者的需求。很遗憾，为了更详细地阐释上述观点，我不得不在这里进行更详细的阐述，但这里的篇幅不允许我这样做。我在其他地方发表的实例材料已充分支持了我的论点。

正如我之前提到的，治疗一开始时，梦境往往能向医生揭示无意识的总体走向。但在治疗的初期，出于实际原因，向病人阐释其梦境的深层含义可能并不切实际。治疗的要求也不让我们这样做。当医生获得如此深刻的洞察力时，要归功于他在相对固定的象征符号方面的经验。这种洞察在诊断和预后方面可能极为有价值。有一次，有人给我看了一位17岁的女孩的病例，并向我咨询。一位专家认为她可能正处于肌肉进行性萎缩的初期阶段，另一位专家认为她患有歇斯底里症。基于后者的意见，我被请来参与。临床表现让我怀疑是器质性疾病，但这位女孩也表现出歇斯底里症的特征。我要求她提供梦境。她立即回答："是的，我做了一些可怕的梦。最近我梦到我晚上回家，周围一片死寂。客厅的门半开着，我看到我母亲吊在枝形吊灯上，窗户敞开着，寒风吹进来，她在风中来回摆动。还有一次，我梦到夜里家里突然响起可怕的噪声。我去查看发生了什么，结果发现一匹受惊的马在屋子里奔跑。最后它找到了通往大厅的门，从四楼的窗户跳下街道。看到它躺在下面，身体撕裂，我感到极度恐惧。"

这两种梦境都在映射着死亡的主题，足以引起我们的深思。许多人偶尔也会做焦虑的梦，因此我们需要更深入地探究"母亲"与"马"这两个显著符号的象征含义。这两个符号都表现出自杀的倾向，显示它们在某种程度上是同一种象征。"母亲"作为一种原型象征，代表着起源、自然、被动创造的物质实体，还涵盖了子宫和生理机能。它同样象征无意识、自然本能、生理领域，以及我们所居住的或将我们包容的环境，因为"母亲"也是一种容器，象征着孕育和滋养的空间（如子宫），从而成为无意识的基础。被某物包裹或处于其内部通常象征着黑暗、夜晚——一种焦虑状态。这些描述揭示了"母亲"在众多神话和词源学中的演变，也展现了与中国哲学中"阴"的概念的联系。所有这些构成了梦境的内容，但这些内容对于那位17岁的少女来说不太可能是个人经历，它们更像是来自过去的传承。一方面通过语言传承，另一方面则是随心理结构遗传，在所有时代和各个民族中都存在。

我们通常所说的"母亲",往往指的是我们最熟悉的那位——"我的母亲"。但母亲这一符号指向了一个更深层、难以用言语明确界定的含义,它模糊地代表了隐藏在身体深处、与自然密不可分的生命力量。即便如此,这种说法仍旧过于狭隘,忽略了许多相关的细微意义。这个符号所代表的心理现实非常复杂,我们只能从远处、模糊地窥视其真面目。这就是为什么这种复杂的现实需要通过符号来表达。

如果我们将这些发现应用于梦境,其含义便成为无意识生命正在自我毁灭。这就是梦境传达给做梦者以及所有愿意倾听者的信息。

"马"是神话和民间传说中广泛流传的一种原型。作为一种动物,"马"代表非人类的心理,处于较低级的动物层面,因此象征着无意识。这就是为什么在民间传说中,马有时能见到幻象、听到声音,甚至会说话。作为一种劳动动物,它与母亲原型紧密相连。女武神将死去的英雄带往瓦尔哈拉,特洛伊木马隐藏着希腊人。作为一种低于人类的动物,它象征着身体的下半部分和由此产生的动物本能。马象征动力和移动的工具,它本能地带领我们前行。像所有缺乏更高意识的本能生物一样,马容易惊慌失措。它还与巫术和魔法咒语有关,尤其是那预示死亡的黑夜之马。

因此,"马"与"母亲"在含义上相当,只是略有差异。母亲代表生命的源头,马则代表动物生命。将这一含义应用于梦境,它显露出的信息是动物生命正在自我毁灭。

这两个梦几乎传达相同的信息，但第二个梦更为具体。两个梦均突显了梦境的微妙之处：它们并未提及个人的死亡。众所周知，人们经常梦到自己的死亡，但这并不重要。真正涉及死亡时，梦境会用一种不同的语言来表达。因此，这两个梦都指向了一种严重甚至可能是致命的器质性疾病。不久后，这一预测在现实中得到了证实。

对于那些相对固定的符号，这个例子恰好展示了它们的普遍特征。这类符号种类繁多，在不同个案中可能因微妙的含义变化而略有不同。只有通过对神话、民间传说、宗教和语言学的深入比较研究，我们才能科学地界定这些符号。在梦境中，相较意识，人类心理经历的演化阶段表现得更为明显。梦境通过图像表达，并揭示了源自自然最原始层次的本能。意识过于容易偏离自然法则，但可以通过整合无意识内容，使其重新与自然法则和谐相处。通过促进这一过程，我们引导患者重新发现自己存在的规律。

在这么短的篇幅中，我只能简要介绍这个主题的基本要素。对无意识的分析好比建筑大厦的砖瓦，我无法在你们眼前一砖一瓦地拼凑出一座大厦，最后恢复出完整的人格而使建筑得以完成。连续同化的方式远远超出了医生特别关注的治疗效果。它最终通向一个遥远的目标（也许这就是生命的最初动力），那就是使整个人类的存在成为现实，也就是个体化。我们医生是自然界中这些晦涩难懂的自然过程的第一批科学观察者。通常我们只看到发展的病理阶段，一旦病人痊愈，我们就不会再对他关注。

然而，只有在治愈后，我们才能研究正常的变化过程，这本身是一个持续数年甚至数十年的过程。如果我们对无意识心理成长的目标有所了解，如果我们的心理洞察不仅来自病理阶段，我们就能对梦境揭示的过程有更清晰的理解，对符号指向的内容有更明确的认识。我认为，每位医生都应该意识到，心理治疗，尤其是分析，是一种干预有目的且连续发展的过程。它时而影响这一阶段，时而影响另一阶段，并由此突出那些似乎走向相反的特定阶段。由于每次分析只展示深层发展过程中的一部分或一个方面，仅从病例比较中得出的结论只能导致混乱。因此，我更倾向仅讨论这个主题的基础知识和实践方面。我们只有在直接面对实际发生的事实时，才能够达成比较满意的共识。

第二章
现代心理治疗的问题

在现今的社会语境下，心理治疗（一种通过心理手段实施的心灵疗愈过程）通常与"精神分析"这一术语紧密相扣。这个词语已如此根深蒂固，以至于人们一提起便似乎洞悉其深意，然而能够精准把握其内涵的非专业人士寥寥可数。

根据其创造者弗洛伊德的设想，这个术语专门适合他那一套独特的方法——通过探究某些被埋藏的冲动来解释心理现象。这种方法植根于一种特殊的生活哲学，因此精神分析不仅仅是一种技术手段，还包含诸多理论假设，其中最著名的便是弗洛伊德的性本能理论。弗洛伊德本人一直都明确地强调这一界定。然而，抛开弗洛伊德的预期，非专业人士将"精神分析"这一概念广泛地应用于所有采用科学方法探索心灵的尝试。因此，尽管阿德勒（Adler）的理论观点和方法与弗洛伊德大相径庭，但阿德勒的思想体系仍不得不被归入

"精神分析"之中。鉴于这种明显的对立，阿德勒自称其理论为"个体心理学"，而我更偏爱将自己的研究称作"分析心理学"。我希望这个术语能广泛涵盖"精神分析""个体心理学"以及该领域内的其他分析。

考虑到心灵是人类共有的宝贵财富，普通人可能会设想心理学应当是一个统一的领域。因此，他们可能会将各个学派之间的分歧视为无足轻重的纷争，或仅是一些寻常人物试图通过华而不实的辩论来展示自己的狡猾手段。然而，若稍加探究，那些不属于"分析心理学"旗帜下的心理学流派其实不在少数。事实上，众多的方法、立场、观点和信念彼此相互冲突，主要原因在于它们之间缺乏相互理解，因而无法认同彼此的价值。在如今这个时代，心理学的多元性和纷繁复杂性令人目不暇接，对于外行人而言，难以获得一个全面而清晰的认识，这无疑令他们感到困惑不已。

当我们在一本病理学教科书里看到某一疾病被推荐了各种各样的疗法时，我们几乎可以肯定这些治疗手段中没有哪一个是真正立竿见影的。同样，当许多不同的心理治疗方法被推荐给我们时，我们也可以肯定没有任何一种方法是特别有效的，尤其是那些受到狂热吹捧的方法。现今心理学的种类和数量之多，让人倍感困惑。众所周知，要了解一个人的心理本来就很难，用尼采的话来说，心理本身就是一个"错综复杂"的问题。因此，为了破解这个难以捉摸的谜题，需要付出双倍的努力，各方面都要照顾到，刚刚提到的各种相互矛盾的立场和观点就不可避免了。

毫无疑问，在探讨"精神分析"的议题时，读者会认同，我们不应仅仅局限于其狭隘的定义。相反，我们应该深入研究"分析心理学"这一更为广泛的概念框架，探讨在此领域内当下的各种尝试与努力，以及这些尝试在解开心灵之谜方面所取得的成就与面临的挑战。

此外，为何人们对作为一种体验的人类心理突然展现出了空前的兴趣？这样的情形在过去几千年中是绝无仅有的。我只是想抛出这个貌似离题的问题，并不打算深究其答案。其实，这个问题并非毫无意义，因为正是这种兴趣铺就了神学、神秘主义、占星术等所有现代思潮的底色。

今天在外行人眼中所理解的"精神分析"包含的一切，源自医疗实践。因此，其中大多数属于医学心理学的范畴。它带有医生诊室那种独特的印记，这不仅体现在它的术语上，也深深地嵌入了其理论架构之中。现代心理学与自然关系密切，本质上是经验主义的，我们不断遇到的是医生从自然科学尤其是生物学中借鉴来的种种假设。这一现象在很大程度上加剧了现代心理学与哲学、历史学和古典学科之间的紧张关系。而那些学科则深植于理性思维之中。自然界与心智之间本就难以跨越的鸿沟因医学和生物学的术语而被进一步扩大，这虽然有时看似出于实用考虑，但更多时候严重考验了我们的宽容和耐心。

鉴于存在概念混淆的情况，我认为上面一段的总结性的评述还是有必要的。现在，让我们一起揭开"分析心理学"的神秘面纱，探索它的真正成就。这个领域包括极为多样的努力和探索，找到一个涵盖一切的视角简直是难上加难。因此，当我试图把这些努力的目标和成果进行分类，更确切地说分成几个阶段时，我带着一丝谨慎。我认为这只是一个暂时的分类法，就像是测量员用三角测量法绘制国家地图一样，或许看起来有些任性和武断。尽管如此，我还是想大胆地把我们的发现划分为四大部分：忏悔、解释、教育和转化。接下来，我会带你一起探索这些听起来有点奇特的术语背后的深意。

所有分析治疗的起点，都可以追溯到它的原型——忏悔。由于两者并没有直接的因果联系，而是共同扎根于深层的心理土壤，外人可能不容易立即看出心理分析与忏悔这一古老宗教仪式之间的内在联系。

当人类开始理解罪恶的概念时，他们就会隐藏自己的心理，用分析学的话来说，就是产生了压抑。所有被隐藏的东西都成了秘密。保持秘密就像一种心理上的毒药，它会使人与社群疏远。但在某些情况下，这种毒药也可能变成宝贵的药物，甚至是个体发展的必要步骤。因此，即使在最原始的社会中，人们也感到必须创造秘密。拥有秘密可以防止他们完全融入社群生活的无意识状态，避免心理伤害。就像众所周知的，许多古代的神秘宗教和它们的秘密仪式就是为了满足这种个体化的需求。早期基督教的圣礼，如洗礼，也是神秘的，通常在私人场所举行，而且只能通过比喻的方式来描述。

虽然与众人共享的秘密可能带来益处，但仅属个人的秘密潜藏着破坏性力量。它就像一种罪恶的负担，将其拥有者与同伴间隔开来。然而，如果我们清楚自己所隐藏之事，其带来的伤害实际上远小于我们对压抑内容的无知，更不用说对压抑本身的无知了。在后一种情形中，我们不只是有意识地保守秘密，甚至对自己也隐瞒。它因此从我们的意识中分裂出去，成为无意识中的一个独立实体，无法被我们有意识的思维纠正或干预。这个情结便成了心理中一个自治的区域，正如经验所证明的，它孕育出了自己独特的幻想世界。我们所谓的幻想不过是心理自发的活动，每当意识的压抑作用放松或完全停止时，如在睡梦中，它便涌现出来。

在睡眠时，我们的内心活动通过梦境展现。而在清醒的生活中，尤其是在被压抑或不为人知的情结的驱动下，我们的意识下层仍旧继续做梦。需要指出的是，无意识的内容并不只是那些曾经进入意识但后来被压抑，转而成为无意识情结的事物。实际上，无意识中还存在着它自己独有的内容，这些内容从深层逐渐生长，最终浮现到意识层面。因此，我们不能把无意识心理世界仅仅看作承载被意识抛弃物的容器。

凡是那些接近意识门槛的心理内容或者仅略微沉入意识之下的内容，都会对我们的意识活动产生影响。由于这些内容本身并不处于意识状态，它们对意识的影响必然是间接的。我们的口误、笔误、记忆错误等都可追溯至此类干扰，同样，神经性症状也是如此。这些症状通常源自心理因素（除了极少数由炮弹爆炸等外部冲击造成的大脑损伤情况）。

神经症的最轻微表现形式是上述"失误",如说话失误、突然忘记名字和日期、意外的笨拙导致的伤害或事故、对他人动机的误解或对听到和读到的内容的误解,以及所谓的记忆幻觉,让人错误地以为自己说过或做过某些事。在所有这些案例中,深入调查都能发现某些内容,以一种间接且无意识的方式扭曲了意识的表现。

总的来说,无意识的秘密比有意识的秘密更为有害。我见过许多生活处境艰难的病人,这些情形足以使性情脆弱者走上自杀之路。这些病人偶尔会有自杀的倾向,但由于他们天生的理智,他们并未让自杀的冲动进入意识。尽管如此,这种冲动在无意识中仍旧活跃,引发种种危险的意外,如面对迎面而来的汽车时突然感到晕眩或犹豫不决,误将腐蚀性的消毒剂当作止咳药物吞服,或是突然热衷危险的杂技表演,等等。当我们使这种自杀倾向变得意识化时,常识便能及时介入,帮助病人识别并避开那些促使他们走向自我毁灭的情境。

我们已经理解,每个人都会因心中的秘密产生罪恶感或负罪感。从道德的角度来看,不管这个秘密是否正当,人们都会这样。接下来,另一种形式的隐藏是"抑制",这通常指的是情感的抑制。针对秘密来说,我们需要保持谨慎:自我约束是有益的,甚至可以说是一种美德。这就是为什么我们发现自律是人类最初的道德成就之一。在原始社群中,它在成人礼中占有一席之地,主要通过禁欲、节制和对痛苦、恐惧的忍耐来体现。自我约束在秘密团体中作为一种与他人共同进行的事情而存在。然而，如果自我约束仅被视为私人行为，且不具有任何宗教意义，那么它可能会像个人的秘密一样，带来潜在的危害。这种自我约束使我们所熟悉的糟糕情绪和那些过分自负者的易怒情绪出现了。被压抑的情感同样是我们所隐藏的，我们甚至可以对自己进行隐藏，在这方面，男性尤其擅长，而女性大多本能地不愿对自己的情感施以这种暴力，只有极少数例外。当情感被压抑时，它会像无意识的秘密一样让我们感到孤立和不安，同样伴随着罪恶感。

就像自然界因我们掌握了人类尚未知晓的秘密而对我们抱有怨恨一样，如果我们对同胞克制情感，自然界也会对我们心存不满。在这方面，自然特别不容许情感的空白。长期来看，因压抑情感而形成的平淡无奇的和谐关系（情感空白）是最难以忍受的。我们所压抑的情感往往是那些我们想要保密的。但更多时候并不存在真正的秘密，只是一些本可以公开的情感在某些关键时刻被压抑，最终变成了无意识。

神经症的一种形式可能是因拥有很多秘密而引发的，另一种形式则可能是抑制情感导致的。无论如何，那些可以随意发泄自己情绪的歇斯底里患者往往是秘密的持有者，顽固的精神衰弱症患者则因无法消化自己的情绪而痛苦。

保守秘密和抑制情感在我们的心灵深处是一种过错，而自然终将以疾病的形式对我们进行惩罚，至少在我们私下行事时是这样。但当我们在与他人共同实施这些行为时，它们则满足了自然的需求，甚至可能被看作有益的美德。仅仅为了个人而实行的自我克制是有害的。人类似乎有一种不可剥夺的权利，可以目睹他人的阴暗、不完美、愚昧和罪恶，但为了保护自己，我们只能把这些事情当成隐私。

在自然的法则中，隐藏我们的缺点就像完全沉迷于劣势一样，被视为一种罪过。人类似乎有一种内在的良知，会严厉惩罚那些不愿放下自尊、停止辩解，不承认自己有错误和人性弱点的人。在他们做到这一点之前，一道无形的墙阻碍了他们真正感受到自己是普通人中的一分子。这就是我们发现真实且非刻板忏悔的重要意义。这一意义在古代世界所有的入会仪式和神秘教派中都是公认的，就像希腊神秘教义中的一句话："放弃你所拥有的，然后你将得到。"我们可以将这句话作为心理治疗第一阶段的指导原则。

事实上，心理分析之始基本上不过是科学重新发现了一个古老的真理。即便是最早期治疗方法中使用的"净化"（catharsis）一词，也源自希腊的入会仪式。早期的净化方法包括在有或无催眠帮助下，使患者接触到他心灵的深处，也就是说，进入东方瑜伽系统所描述的冥想或沉思状态。与瑜伽练习中的冥想相比，心理分析的目标是观察那些在无意识心灵中自发产生的、阴影般的呈现，无论以图像还是感觉的形式，它们在没有主观意愿的情况下出现在内省者的心中。通过这种方式，我们重新发现了那些我们所压抑或遗忘的东西。尽管这可能令人痛苦，但本身就是一种收获，因为那些低下或甚至无价值的东西也属于我，作为我的阴影，赋予了我实质和重量。如果我没有影子，我怎能成为实体的存在？

如果我要成为一个完整的自我，我必须有一个黑暗的一面。当我意识到我的黑暗面时，我也会想起我和其他人一样，只是一个普通的人。无论如何，当我将这种新发现保留为个人隐私时，我恢复了神经症发生之前或情结分裂之前的状态。仅仅通过保持这些事物的私密性，我只实现了部分治愈，因为我仍然处于孤立状态。只有通过坦白、忏悔，我才能最终摆脱道德方面的负罪感，全身心地投入人类的怀抱。净化治疗的目标是彻底的坦白或忏悔——不仅理智上要认同事情的真实性，情感上也要获得心灵的认可，同时释放被压抑的情感。

不难想象，这样的坦白对于那些思想简单的人来说，会产生巨大的影响，而且它们的治愈效果常常令人称奇。然而，我想强调的是，心理治疗在此阶段的主要成就不仅是某些病人得以治愈，更重要的是我们系统性地对忏悔、坦白的重要性进行了强调。这正是触及我们每个人内心深处的事情。我们都因为秘密而以某种方式彼此疏远。我们没有通过忏悔建立沟通的桥梁，而是选择了更简单的方式，走了一条充斥着虚假观念和幻觉的小径。但我说这些，并不是想提出一个普适的原则。对那缺乏真诚的、彼此之间的罪恶坦白所透出的一种无所谓的态度，应该受到严厉的批评。心理学所确立的事实是，我们正在处理一个非常微妙的议题。我们不能直接或单独处理它，因为它向我们提出了一个极具挑战性的问题。这是我们下一个阶段（解释阶段）要讨论的，它将更加清晰地说明这点。

很明显，如果心理宣泄被证明是万能的治疗方法，做心理学就会停留在忏悔、坦白阶段。重要的是，并非所有病人都能足够接近无意识，以便感知到其中的阴暗面。事实上，很多病人，尤其是那些复杂、高度自觉的人，他们的意识很坚定，任何事物都无法动摇他们。每当有人试图让他们放下意识时，他们常常会产生强烈的抵抗，他们希望与医生谈论他们能完全意识到的事情，让医生理解他们的困境，并深入探讨这些问题。他们表示，他们已经做了足够多的忏悔、坦白。对于这些问题，他们没有必要深入无意识中寻求答案。对于这样的患者，我们需要一套完整的技术来让他们接近无意识。

这一事实从一开始就严重限制了我们对宣泄方法的应用。另一个限制在后期显现，关于这个限制的讨论立刻将我们引入了对第二阶段（解释阶段）问题的探讨。假设在某个病例中，按照宣泄疗法要求的忏悔、坦白已经完成——神经症已经消失，或者至少症状已经没有了。如果只由医生决定，这时候可以宣布病人已经治愈。但他（男性患者）或她（女性患者），尤其是她，似乎无法痊愈离开。因为病人通过坦白与医生似乎建立了一种联系。这种看似无意义的联系如果被强行切断，可能会导致患者病情复发。

令人好奇又颇具深意的是，在一些病例中，患者和医生并没有发展出任何依附关系。患者明显已经康复，却被自己的内心深处未知的领域吸引，以致他继续自行进行心理宣泄，忽略了对日常生活的适应。患者被困在自己的无意识中，而不是与医生建立联系。其经历似乎与忒修斯（Theseus）和皮里托斯（Pirithous）下到冥界带回地狱女神的冒险相似。他在路途中坐下休息，却发现自己无法从岩石上起身。

这些奇特且出人意料的现象需要向病人进行解释，而那些无法接受心理宣泄治疗的病人也需要通过解释方法来治疗。尽管接受过心理宣泄治疗的病人和无法接受心理宣泄治疗的病人表面有所不同，但他们需要解释的地方是一样的，正如弗洛伊德所看到的，那其实是固着（fixation）问题。在接受过心理宣泄治疗的病人中，这种固着非常明显，尤其是那些仍对医生有所依恋的人。类似的现象虽然已在催眠治疗的不良后果中观察到，但这种关联的内部机制并未被充分理解。现在看来，这种可疑的联系本质上类似父子之间的关系。病人陷入了一种幼稚的依赖状态，无法通过理智和洞察来自我保护。这种固着有时强烈到令人震惊，以至于像是由某些超乎寻常的力量所驱动。由于移情过程是无意识的，病人无法提供任何解释。我们显然面对的是一种新的症状——一种直接由治疗引起的神经症。因此，我们面临如下问题：如何应对这一新挑战？这种情况的明显外在表现是，父亲的记忆形象及其情感重点被转移到医生身上。由于医生扮演了父亲的角色，病人陷入了一种充当孩子角色的关系中。这并不是说这种关系使他变得幼稚，而是他内心一直有着被压抑的幼稚特质。现在，这些特质浮出水面，企图重现童年家庭的场景。弗洛伊德将这种现象恰当地称为"移情"。当然，对于帮助过自己的医生产生一定程度的依赖是正常且可以理解的。然而,如果移情得异常顽固,又不能通过有意识的纠正来解决,就不正常和出乎意料了。

弗洛伊德的一大杰出成就,是对这种深层情感联系的本质进行了解读,至少是从个人的经历出发,为心理学知识的巨大飞跃铺平了道路。如今我们已经确信,这种联系源自无意识中的幻想。这些幻想大多带有所谓的"乱伦"特征。这很好地解释了为什么它们深藏于无意识,甚至在最深刻的忏悔、坦白中也难以显露。尽管弗洛伊德总是将乱伦幻想描述为被压抑的,但更多的实践经验告诉我们,这些幻想在很多情况下从未真正进入意识,或者只是模糊地被察觉,因此它们并非有意被压抑。最新的研究显示,乱伦幻想通常潜伏在无意识中,直到在分析治疗中被揭露。我的意思并不是说从无意识中挖掘它们是对自然的干预,应当避免,我只是想强调,这个过程几乎像进行一次外科手术般剧烈。但在分析过程中诱发了不正常的移情,这是不可避免的,并且只有通过触及乱伦幻想才能处理这一问题。

心理宣泄疗法可以帮助恢复那些被意识到且通常属于自我意识的内容,解决移情的过程则揭示了那些因其特性而几乎无法被意识所察觉的内容。这正是忏悔、坦白阶段与解释阶段之间的核心区别。

我们之前讨论过两组病例:一是不适合心理宣泄法的病人;二是通过此法取得进展的病人。此外,我们还讨论了那些以"移情"形式表现出固着问题的患者。除此之外,还有一类病人的情感并未转移到医生身上,而是深陷于自己无意识的纠缠中。在这些案例中,对父母的形象并没有转移到具体的人物上,而是存在于幻想之中,却同样具有强大的吸引力和紧密的情感纽带。

在弗洛伊德研究的指导下,我们可以理解那些无法完全投入心理宣泄疗法的病人。我们发现,甚至在他们走进诊室之前,他们与自己的父母已经互相形成了深刻的认同感。这种认同为他们提供了权威的力量、独立的思维和批判能力,使他们能够有效地对抗治疗。这些病人通常是受过良好教育、具有较高文化素养的人。其他病人则沦为无意识中父母形象的无助受害者,这些人通过无意识地与父母认同,从中获得了力量。

在处理移情问题时,仅依靠坦白是远远不够的。正是这一点促使弗洛伊德对布洛伊尔最初的心理宣泄疗法进行了改进,进而发展出他自称的"解释方法"。这一步骤是必不可少的,因为移情产生的关系特别需要详细解释。外行可能很难理解这一点的重要性,但当医生突然发现自己陷入一张难以理解和奇异的幻想网中时,他会清楚地认识到这一点。他必须向病人解释移情现象,也就是说,向他说明他把什么情感投射到了医生身上。由于病人自己并不清楚这一点,医生不得不对从病人那里获得的幻想碎片进行分析解释。我们的梦境首先提供了这些重要的材料。在研究那些与我们意识立场相冲突的被抑制愿望时,弗洛伊德深入梦境探索这些愿望,并在此过程中发现了我所提到的乱伦内容。当然,这不是调查所揭示的唯一内容。他还发现了人性所能展现的各种丑陋，即使是粗略地概述这些内容，也足以耗费一生的时间。

弗洛伊德的解释方法最终呈现出对人类阴暗面详细而前所未有的描绘。这无疑是对所有关于人性本质的理想化幻想的最有效解药，因此弗洛伊德及其学派遭到各方激烈反对也就不足为奇了。对于那些原则上坚信幻想的人来说，这种反对是意料之中的。但我认为，反对解释方法的人中有不少是对人类阴暗面没有幻觉的，他们反对的是仅从阴暗面来描述人类的偏颇视角。毕竟真正重要的不是阴影本身，而是那投射出阴影的实体。

弗洛伊德的解释疗法则依托"还原性"解释，这种方法不断深入、追根溯源，如果过度夸张和片面地应用，则会产生破坏性的影响。然而，心理学确实从弗洛伊德的开创性工作中受益良多。它让我们明白，人性不仅有光明面，还有阴暗面，而这不仅仅是人类的特质，我们的创作、制度和信念也同样如此。甚至我们最纯净、最神圣的信仰也能追溯到最原始、最粗俗的根源。这种观点其实也有其合理之处，因为所有生命体的起源都是简单而低微的，我们建房也是从地基开始的。任何深思熟虑的人都不会否认，所罗门·雷纳克用原始图腾主义来解释"最后的晚餐"具有深刻的意义。同样，他们也认为在希腊神话中指出乱伦主题是有道理的。毫无疑问，从阴暗面来解读那些闪耀的事物，并因此将它们归结为起源于黯淡肮脏之处，是一件令人痛苦的事。但在我看来，如果从阴暗面的解释带来了破坏性的影响，那么这反映了美好事物的不完美一面和人性弱的一面。我们对弗洛伊德的解释所感到的恐惧完全源于我们自身的野蛮或天真，这种天真让我们相信有顶点却无对应的深渊，盲目地忽视了在极端情况下对立面会相遇的"终极"真理。我们的误解在于，以为那些光辉事物一旦从阴暗面得到解释，就不再存在了。这是一个令人遗憾的错误，弗洛伊德本人也曾陷入这种误区。但实际上，阴影是光明的一部分，就如同邪恶与善良相伴而生。因此，我对曝光西方的幻想和狭隘表示欢迎，我认为这种曝光具有极其重大的意义。这是历史上经常出现的钟摆效应之一，有助于纠正事态。它迫使我们接受当代哲学的相对主义，如同爱因斯坦在数学物理学中所提出的那样，它根本上是一种远东的真理，其对我们的最终影响还无法预测。

我们的行为很少受理智想法的影响。但当一个想法成为心灵体验的表达，并在东西方这样毫无历史联系的地区都结出了果实时，我们就得认真对待了。这类想法代表着超越逻辑推理和道德认可的力量，它们总是比人和他的大脑更强大。人们常以为是他们塑造了这些想法，但实际上，这些想法在塑造他们，无意中让他们成为代言人。

回到固着问题上，我现在想谈谈解释疗法的效果。当患者发现他的移情源自阴暗的起源时，他会意识到自己相对于医生的立场是多么不稳固，他不得不承认自己的要求是多么不合时宜和幼稚。如果他曾因权威感而自我膨胀，现在他会放下高傲，接受一种可能非常有益的不确定性。如果他还未放弃对医生的幼稚要求，他现在会认识到，向他人提出要求是一种必须被更强大的自我责任感所取代的孩童式自我放纵。具有洞察力的人自己将做出道德上的判断。他深知自身缺点，会利用这些认识来保护自己；他会通过积极工作和丰富经历来消减那种对童年美好时光的深深眷恋。对自我缺点的正常适应和耐心将成为他的道德指导原则，他将试图摆脱多愁善感和幻觉。最终的结果是，他将远离无意识，正如他远离软弱和诱惑，这些都是道德和社会败坏的源泉。

病人目前面对的挑战是如何作为社会个体去学习和成长，我们因此进入了第三个阶段。对于那些道德敏感且充满动力的人，深入了解自我已经足够。但对于那些缺乏对道德价值的想象力的人，这还不够。如果没有外在环境的驱动，仅凭对自己的认知，即便信念坚定，对他们来说也是无效的，更不用说被分析师的解释触动但最终仍持怀疑态度的人。这些人虽然精神上受过训练，能够领悟"还原性"解释的真相，但如果这种解释只是让他们的希望和理想破灭，他们便难以接受。在这些情况下，仅有的洞察力也不够。解释方法的局限性在于，它只对那些能够从自我理解中独立得出道德结论的敏感人士有效。的确，与未经解释的忏悔、坦白相比，解释能让我们走得更远，因为至少它锻炼了我们的思维，可能会唤醒沉睡中的潜能，以积极的方式发挥作用。但事实依然是，即使是最彻底的解释，也常常让病人像一个聪明但无能为力的孩子。问题在于，弗洛伊德关于快乐及其满足的解释过于片面，尤其是在心理发展的后期阶段，这种解释显得力不从心。这种观点并不能解释所有人的情况，因为即使每个人都有追求快乐的一面，但这并非总是最重要的。饥饿的艺术家更愿意选择面包而不是美丽的画作，热恋中的男人更偏爱女人而不是事业成功。对某些人而言，画作可能至关重要，而公共职位对另一些人同样重要。一般来说，那些容易适应社会并取得社会地位的人往往是因为他们追求快乐原则，不像那些不能适应社会、社交能力也不行，却渴求权力和地位的人。那些感到被压制和被忽视的人可能会因追求成就或希望被人尊重的渴望而变得雄心勃勃。他们甚至可能深陷这种渴望之中，以至于其他一切事物对他都失去了意义。

在这个节点上，我们发现弗洛伊德的解释有点不够全面，这正是阿德勒站出来填补空白的地方。阿德勒有力地展示了很多神经症案例其实更适合用对权力的渴望来解释，而不仅仅是依赖快乐原则。因此，他的解释是为了让患者明白，他们是怎样"安排"自己的症状，利用神经症来获得一种虚假的重要感，甚至他们的移情和其他固着行为也是为了追求权力，从而代表了对想象中从属地位的"男性抗议"。阿德勒显然是在关注那些被压抑、不那么成功、唯一激情就是自我主张的人。这些人之所以神经质，是因为他们总觉得自己被压迫，并在自己的幻想中与风车战斗，从而把他们最渴望的目标推得遥不可及。

从本质上说，阿德勒的方法从第二阶段就开始了。他用刚才提到的方式解释症状，并在这方面寻求患者的理解。阿德勒的特点是，他对理解不抱过高期望，而是更进一步清楚地认识到了社会教育的需求。弗洛伊德是个调查者和解释者，阿德勒则主要是个教育家。阿德勒不同意让患者保持幼稚且无助的状态，即使他们的理解力很强。他努力通过各种教育手段，使他们成为能够正常适应社会的人。通过这种方式，阿德勒改进了弗洛伊德的治疗方法。他似乎深信社会适应和正常化是不可或缺的，甚至是人类最理想的目标。阿德勒学派的广泛社会影响正是这种观点的结果，但也因此忽视了无意识，有时似乎甚至完全否认它的存在。这很可能是钟摆效应的体现———种对弗洛伊德对无意识重视的必然反应，这反映了我们在那些努力适应和追求健康的患者中观察到的对无意识的本能厌恶。因为如果将无意识视为存放人性中所有邪恶、阴暗事物的地方，甚至包括原始的淤泥沉淀，我们实在无法理解为何还要继续在这个曾经陷入的沼泽边缘徘徊。研究者或许会在泥潭中看到一个充满奇迹的世界，但对普通人来说，这仅仅是他们避而远之的东西。正如早期佛教放弃复杂的多神信仰以寻求简化和进步一样，心理学为了进一步发展，也需要摒弃弗洛伊德那种过于消极地对待无意识的方式。

　　阿德勒学派以教育为目的，开始于弗洛伊德结束的地方，因此帮助了那些已经学会自省的患者找到通往正常生活的道路。仅仅知道自己是为什么生病显然是不够的，因为了解疾病的原因对治愈它帮助不大。我们永远不应忘记，神经症的曲折路径导致了许多顽固的习惯，尽管有了再多的理解，这些习惯也不会消失，直到它们被其他习惯所取代。但习惯只能通过练习获得，适当的教育是达到这个目的的唯一手段。患者必须被促使走上其他道路，这需要教育意志来完成。因此，我们可以看到为什么阿德勒的方法主要受到牧师和教师的青睐，而弗洛伊德学派的支持者则是医生和知识分子，他们通常都不擅长护理和教育。

我们在心理发展的每个阶段都能感受到一种特殊的"这就是终点"的感觉。经历了情感净化和彻底坦白后，我们常觉得自己终于达到了目标，一切都已经清楚明白，一切都已知晓，所有焦虑和泪水都已释放，似乎一切都将顺利进行。完成了解释工作后，我们也深信自己了解了神经症的起因。我们找回了最早的记忆，挖掘了最深的根源。我们发现移情不过是对儿时天堂或旧家庭情境的幻想。但接下来的教育阶段让我们明白，仅凭坦白和解释无法纠正成长过程中的偏差，我们必须用适当的方法引导，才能达到正常的适应。

每个发展阶段所特有的那种明显的终点的感觉，解释了为什么至今仍有人专注使用净化法却似乎从未接触过梦境解析。有的弗洛伊德追随者根本不懂阿德勒的理论，而阿德勒的支持者则不愿听任何关于无意识的讨论。每个人都被自己所处的发展阶段独有的终点的感觉所迷惑，这导致了观点的混乱，让人们难以找到正确的方向。

那么是什么引发了这种感觉上的终点，从而在各个方面引起了这样顽固的偏见呢？我只能根据一个事实来解释：每个发展阶段都包含一个基本的真理，因此经常会有案例以惊人的方式展示这一真理。在这个充满幻想的世界里，真理显得无比珍贵，没有人愿意因为一些与之不符的例外而放弃它。当然，任何怀疑这一真理的人都会被看作不忠诚的堕落者，而在讨论中，所有方面都会逐渐显露出狂热和不宽容的倾向。

我们每个人都应承担传递知识的使命，但只是一段路程，直到下一个人接过这一使命。如果我们能以非个人化的方式接受这一点（如果我们能理解，我们并不是真理的个人创造者，只是它们的阐释者，从而表达出我们这个时代的心灵需求），那么许多怨恨和苦涩或许可以避免。

我们通常忽视了这样一个事实：使用情感宣泄疗法的医生不仅仅是一个抽象理念的化身，也是一个人，他的思考也许局限于他的专业领域，但他的行为展现了一个完整人格的影响力。他无意识地在解释和教育方面做了很多工作，却没有意识到或给予它们一个名字。其他分析师在情感宣泄方面做了同样多的工作，却没有将其提升到原则的高度。

到目前为止，我们讨论的分析心理学的前三个阶段，并不是那种后来的阶段能取代前面阶段的情况。这三个阶段都能共存，它们是同一个问题的不同重要方面。就像忏悔和赦免一样，它们之间并不互相矛盾。第四阶段，即转化阶段，也是这样，它不能自诩为最终达成的、唯一有效的真理。它的作用是填补之前阶段留下的空缺，满足那些额外的、未被满足的需求。

为了清晰阐述第四阶段的目的，并解释"转化"这一专业术语，我们需要先考虑那些在前三个阶段中未得到满足的心理需求。换言之，我们需要探索什么可能比成为一个正常适应社会的人更有价值或更有前景。无疑成为一个正常的人是有益且应当的，但"正常人"的概念本身暗示了对平均水平的限制，就像适应的概念一样。对于那些本来就难以适应日常世界的人来说，如那些因神经症而不适应正常生活的人，这种限制可能是向上、向好的改变。然而，对于那些能力远超一般水平、轻而易举取得成功的人来说，被限制在"正常"的范畴内就像被束缚在普罗克汝斯忒斯（Procrustes）的床上，既无聊又绝望。因此，有些人会因普通而感到神经质，也有人因无法成为普通人而神经质。对于前者来说，被引导成为一个普通人的想法简直是噩梦，他们真正需要的是过上"非常规"的生活。

一个人只有在追求自己尚未拥有的东西时才能找到满足感和成就感，他不可能从已经拥有过太多东西中找到乐趣。对于那些认为成为一个社会适应者只是小菜一碟的人来说，这个目标并没有吸引力。对于懂得如何正确行事的人来说，总是做正确的事情变得枯燥无味；而对于那些总是搞砸、做错的人来说，他们内心深处渴望在未来某个时刻能终于做对一次。

每个人的需求和必需品各不相同。对某些人来说是自由，对另一些人却可能是牢笼，如"正常性"和"适应性"。尽管人在生物学上被定义为群居动物，只有作为社会生物才能健康，但我们观察到人只有在过着非正常和非社会的生活时才真正健康。遗憾的是，实用心理学不能提供任何普遍有效的方案和标准。每个人都是独特的，需求和要求截然不同，以至于我们无法预知一个人会如何发展。因此，医生最明智的做法是放弃所有早期的假设。这并不意味着他应该抛弃所有假设，而是在任何特定情况下，都应该只将这些视为假设。

医生的角色并不仅仅是教育或说服患者，更重要的是要向患者展示自己对他们独特病例的反应。就算我们怎样转换话题，医生和患者之间的关系在专业的、理智的治疗框架中依然保持着一种个人层面的联系。我们无法通过任何手段避免治疗过程成为医生和患者双方共同影响的结果。治疗中有两个关键因素，也就是两个人格，它们都不是可以简单确定和预测的。医生和患者的意识领域可能非常明确，但他们还带来了无限扩展的无意识领域。因此，医生和患者的个性往往比医生所说的话或想法对治疗结果有更大的影响，尽管我们不能低估这些话语或思想作为干扰或治愈因素的重要性。两个人格的相遇就像两种化学物质的接触：如果有反应，双方都会发生转变。我们期望在每次有效的心理治疗中，医生都能对患者产生影响，但这种影响只有在医生也被患者影响时才会发生。如果你不能感受到影响，你就无法施加影响。对于医生来说，用父亲般的威严和专业权威来保护自己，避免受到病人的影响，这是徒劳的。这样做，他只是剥夺了自己一个重要的信息获取途径，而病人还是会无意识地影响他。心理治疗师都知道，病人这样无意识地改变医生的心态，这在职业上是一种干扰，甚至是伤害，生动地展示了病人几乎具有"化学般"的影响力。其中一个典型例子就是所谓的反移情，这是由病人的移情引起的。但这些影响往往更为微妙，其本质可以用古老的疾病恶魔理念来解释。根据这一理念，患者会将自己的疾病传递给健康的人，虽然这个健康的人能够克制住这个恶魔，但这对治疗者的健康也会产生负面影响。

在医生和病人的关系中，我们遇到了一些难以衡量的因素，它们促使双方发生了相互转变。在这种交流中，更稳定、更强大的个性将决定最终的结果。但我见过许多病人比医生更强大的案例，这违背了所有理论和医生的初衷。而且，这种情况对医生是不利的。相互影响的事实及其相关内容构成了转化的阶段。超过四分之一个世纪的广泛实践经验是认清这些表现的基础。弗洛伊德自己也承认了它们的重要性，因此支持了我的要求，即分析师本人也应该接受分析。

但这个要求的更广泛含义是什么呢？它意味着医生和病人一样，都在接受分析。在治疗过程中的心理过程，医生和病人同样重要，也同样会受到转变的影响。实际上，如果医生对这种影响不太敏感，他对病人的影响力也会相应减弱；如果他只是无意识地受到影响，就表现出了意识的缺陷，这会阻碍他正确看待病人。在这两种情况下，治疗的结果都会受到影响。

因此，医生被要求面对他希望病人面对的任务。如果问题是关于适应社会，那么他自己也必须适应，或者在相反的情况下，适当地不适应。当然，在治疗中，根据具体情况，这个要求有成千上万。有的医生相信克服幼稚心理，那么他必须已经克服了自己的幼稚心理。另一些医生相信要宣泄所有情绪，那么他必须已经宣泄了自己的所有情绪。还有的医生相信完全的意识，那么他必须自己已经达到了高度的意识状态。无论如何，如果医生希望对病人产生适当的影响，就必须始终努力满足自己的治疗要求。所有这些治疗原则都给医生带来重要的伦理责任，可以归纳为一个简单的规则：成为你希望影响他人的那种人。光说不练一直被认为是空洞的，没有任何手段能长时间逃避这个简单的规则。影响力总是来自被信服的事实，而不是信服的内容。

那么，分析心理学的第四阶段不仅要求病人的转变，还要求医生对自己也应用他在任何特定情况下给病人开的治疗方案。在处理自己的问题时，医生必须展现出与处理病人时同样的无情、一致性和坚持。以同样的专注力来对待自己，确实是一项不小的成就。因为他必须调动所有的注意力和判断力指出病人的错误道路、错误结论和幼稚的借口。没有人会为医生的内省努力付费。而且，我们通常对自己的兴趣不够。再者，我们经常低估人类心灵，认为自我检查或过分关注自己几乎是病态的。我们显然怀疑自己内心藏有不健康的东西，这些东西太像病房里的情景。医生必须克服自身的抵抗，因为未受教育的人怎能教育他人，对自己还一无所知的人怎能启迪他人，不洁净的人又怎能净化他人呢？

在转化阶段，从教育他人到自我教育，这一步是对医生的要求。这是病人自我转变并完成早期治疗的必然结果。医生为了改变病人而转变自己的这一挑战，因为三个原因而鲜少受到大众的认可。第一，它似乎不切实际；第二，人们对关注自己存有偏见；第三，让自己完全达到我们对病人的期望有时非常痛苦。最后这一点是医生自我检查这一要求不受欢迎的最大原因。因为他如果认真地"治疗"自己，很快会在自己的性格中发现一些完全与正常化相悖的东西，或者尽管经过详尽的解释和彻底的情绪宣泄，这些东西仍然会以令人不安的方式困扰他。他该怎么处理这些问题？他总是知道病人应该怎么做，这是他的职业责任。但当这些问题涉及他自己或他亲近的人时，他将怎样真诚地处理呢？如果他自我检查，就会发现自己的某些不足之处，这会给接近他的病人带来危险，甚至可能破坏他的权威。他将如何处理这个折磨人的发现？无论他认为自己多么正常，这个有点"神经质"的问题都会触动他的痛点。他还会发现，无论多少"治疗"，都无法解决压迫他和病人的那些最终问题。他会让他们看到，期望从别人那里得到解决方案是一种保持幼稚的方式；而他自己会发现，如果找不到解决方案，这些问题只能再次被压抑。

我不会进一步讨论自我检查及其引发的诸多问题，因为我们对心灵的研究仍然困于巨大的模糊之中，对这些问题的兴趣不大。我更愿意强调已经提到的内容：分析心理学的最新发展让我们面对人类个性中难以衡量的元素；我们已经学会将医生自身的个性作为治愈或有害因素当作前提；我们已经开始要求医生自身的转变——教育者的自我教育。病人经历的一切，现在医生也必须经历，他必须经历忏悔、解释和教育的阶段，以便他的个性不会对病人产生不利影响。医生不再能通过治疗他人的困难来逃避自己的困难。他会记住，患有渗流脓疮的人不适合进行外科手术。

　　正如无意识的"暗影"面曾迫使弗洛伊德学派探索宗教问题一样，分析心理学的新进展同样使医生的伦理态度成为一个不可避免的议题。对医生提出的自我批评和自我审视，从根本上改变了我们对人类心灵的理解。这种理解超越了自然科学的范畴，它涉及的不仅仅是患者，还有医生本人；不仅仅是被治疗的对象，还包括治疗者自身；它不只是大脑的一项功能，还是意识本身不可或缺的一部分。

　　原本作为医疗方法的东西现在变成了自我教育的方法，由此我们的视野被无限拓宽。医学文凭不再是关键，人的品质才是。这是一个重要的步骤。在临床实践中发展、精练和系统化的所有心理治疗工具，现在被用于我们的自我教育和自我完善。分析心理学不再局限于医生的咨询室，它的束缚已经被切断。我们可以说，它超越了自身，现在开始填补迄今为止西方文化与东方文化相比心灵不足的空白。西方人学会了驯服和征服心灵，但对于它的系统发展和功能一无所知。我们的文明还很年轻，因此我们需要所有驯兽师的工具，使我们内心的野蛮人在某种程度上变得驯服。但当我们达到更高的文化水平时，我们必须放弃强迫，转向自我发展。为此，我们必须了解一种方式或方法，但到目前为止，我们对此一无所知。我认为，分析心理学的发现和经验至少可以提供一个基础。因为一旦心理治疗要求医生自我完善，它就摆脱了其临床起源，不再仅仅是治疗病人的方法。它现在也为健康的人服务，或者至少服务那些有权享有心理健康的人。我们希望看到分析心理学变得普遍实用，甚至比构成其初步阶段的方法更为实用，这些方法各自承载着一个普遍的真理。但在这个希望的实现和当前的实际之间，有一个深渊，我们找不到桥梁。我们还需要一砖一瓦地建造它。

第三章
心理治疗的目的

如今，人们普遍认为，神经症是一种功能性神经紊乱，需要采取心理治疗手段。但论及神经症的成因和治疗的基本原则，人们便说法各异了。我们得承认，目前对神经症并没有完全满意的解释，也没有关于治疗原则的圆满观念。确实，有两种观念或思想流派尤为盛行，但它们的内容远不能涵盖如今已有的种种相左观点。也有许多人不属于任何流派，在观点交锋中形成了自己的观点。如果我们想描画此全貌，必然要在我们的调色板上调出彩虹般细微渐变的颜色。

如果力所能及，我十分乐意如此，毕竟我自己也常常觉得应该比较一下这么多的观点。这么久以来，我也从未给予这些各异的观点应有的公正评判。如果没有契合某些特殊的倾向、特质或某些较为普遍的基本心理体验，这些观点不可能会出现，更不可能获得支持。如果我们排斥这样的观点，认为它全无道理、并无价值，我们便将这一特殊的倾向或者特殊的体验当成了错误的东西，并将其排斥在外了，这其实是我们在歪曲自己的经验材料。弗洛伊德将神经症的成因归结为性方面的因素，并认为心灵中的种种变化本质上与婴儿期的快乐及其寻求满足有关，这受到了广泛的肯定。心理学家应从这一现象中得到启发。

应当看到，这种思维和感悟方式恰好同一种更为广泛的精神潮流相呼应，这种潮流不仅仅与弗洛伊德的理论相契合，还在其他地方、其他场合，以不同的形式在众多人脑海中浮现。我且将其称作集体心理的表现。首先，我要提及哈夫洛克·埃利斯（Havelock Ellis）、奥古斯特·福雷尔（Auguste Forel）、《人类生活百态》的贡献者以及盎格鲁－撒克逊人在后维多利亚时代对性的态度，还有早已在法国现实主义作家的作品中显现的性话题在普通文学中的广泛讨论。弗洛伊德是某种当代心理倾向倡导者之一，这种倾向有其独特的历史。但显而易见，我们此处无法深入探讨那段历史。

在大西洋两岸，阿德勒获得的认可不亚于弗洛伊德，因而我们可做出同样的推断。不可否认，许多人将自己的困境归咎于源自自卑感而追求权力的冲动时会感到满足。同样不容置疑的是，这一观点阐释了在弗洛伊德体系中未获得应有地位的实际心理现象。一些集体心理和社会因素力量是阿德勒观点的基础，也正是这些力量催生了这一理论的形成，对此我几乎无须进一步阐述，这些因素已经足够明显了。

忽视弗洛伊德和阿德勒观点中的真理成分将是不可原谅的错误，但将其中任何一个视为唯一真理同样不可原谅。这两种真理都对应着一些心理现实。有些真实案例大体上最适合用这两种理论中的一种来描述和解释。我无法指出这两位研究者中任何一人有何差错，相对地，我尽可能去运用这两种假设，因为我完全认同它们的相对合理性。如果不是因为我偶然遇到了一些迫使我必须对弗洛伊德的理论进行修改的事实，肯定不会想到要背离他的思路。我对阿德勒的观点也持有相同的态度。虽然似乎并没有必要额外强调，不过我认为自己的观点的真理性是相对的，并且我自视为某种特定倾向的支持者。

如果说今天在某个领域需要我们表现出谦卑，并要认可许多看起来相互矛盾的观点，那么这个领域无疑是应用心理学。因为人类心理是科学研究中最具挑战性的领域，我们还远未透彻地了解它。目前，我们只有一些或多或少看似合理的观点，这些观点难以兼容。

因此，当我试图以一种普遍的方式呈现我的观点时，我希望不会被误解。我并不是在宣扬一个新的真理，更不是在宣示一种终极真理。我只能说，自己在试图阐释对我而言仍然模糊的心理事实，或是阐明为解决治疗过程中的难题我们需做出哪些努力。

既然我们觉得最迫切需要修正的是最后这一个问题，那我就从这个问题开始讨论。众所周知，尽管一个不完善的理论可以维持一段相对较长的时间，但不完善的治疗方法无法持久。在我近三十年的心理治疗实践中,我经历了许多失败案例,它们给我留下的印象远比我的成功更为深刻。从原始的巫医到今天的治疗者,所有人几乎都有可能在心理治疗领域获得成功。但心理治疗师从他们的成功中能学到的很少,甚至一无所获。成功经验大多只是在他经历过诸多失败之后给予他的肯定,而他的失败相反,它们是极其宝贵的经验。这些失败不仅指引了通往更深层次真理的路径,还迫使他改变自己的看法和方法。

确实,我也意识到,自己的工作是由弗洛伊德推动的,随后是阿德勒。在治疗患者的实际操作中,只要有机会,我就会应用他们的理论。尽管如此,我依然坚持认为只要我能早些考虑到那些后来促使我对他们的观点进行修改的经验数据,我所遇到的一些失败案例本可以避免。我不可能一一描述自己遇到的所有情况,只能选择一些典型的病例来说明。我遇到最棘手的病例是在年龄稍大的患者身上——40岁以上的患者。在治疗年轻人时,我通常发现弗洛伊德和阿德勒的观点足够适用,因为他们提供的治疗方法能使患者在一定程度上适应生活和恢复正常状态,也不会留下任何恼人的后遗症。根据我的经验,在年龄稍大的患者身上,情况往往不太一样。在我眼中,生命阶段中的心理要素经历了巨大的转变。其变化之大,以至于我们可以区别出生命早期和晚期的心理学。通常情况下,青年时期的生命充满着自我展开以及朝着既定目标的奋进,若他被神经症困扰,其根本原因往往可以追溯到他对这种生命旅途必然性的犹豫或逃避。年长者的生命特征是力量的减退、对已达成成就的肯定和进一步成长受到的限制。他若患上神经症，主要源于他对年轻态度的执着，而这种态度如今已不合时宜。正如年轻的神经症患者惧怕生活一样，年长的患者同样回避死亡。青年时期曾经追求的正常目标在年长的时候不可避免地变成了神经性的阻碍。在年轻的神经病患者病例中，因他不愿面对世界，他对父母的正常依赖不可避免地转变成了一种与生命为敌的乱伦关系。我们必须谨记，尽管存在许多相似之处，我们在年轻人身上发现的抵抗、压抑、移情、"导向性虚构"（guiding fictions）等，与在年长者身上的意义完全不同。毫无疑问，为了适应这一事实，治疗的目标也应有所调整。因此，病人的年龄对我来说是最重要的指标（indicium）。

但在青年时期，也有一些其他指标需要注意。因此，依我之见，从弗洛伊德的角度治疗适用于阿德勒心理学的患者类型，即一个失败的且有婴儿期自我肯定需求的人，是一种技术错误。相反，面对一个可以通过快乐原则来理解其动机的成功人士，我们加诸阿德勒心理学的观点，也是一个重大的错误。在不确定的情况下，患者的抵制可以作为有价值的指标。我倾向从一开始就认真对待这种骨子里的抵抗，虽然这听起来可能有些奇怪。我深信，医生并不一定比患者自己更了解患者需要什么，尽管患者自己可能对此完全没有意识。鉴于当今情况，医生的这种谦逊态度完全恰当。我们不但尚未拥有一种普遍认可的心理学理论，而且心理构成的多样性不可计数，存在着一些更为独特的个体心理，它们无法被归入任何普遍性的范畴。

就心理构成的问题而言，大家都知道，我根据许多研究人性的学者已经察觉到的典型区别，假设了两种基本的心态类型——外倾态度和内倾态度。我也将这两种态度视为重要的指标。同样，特定心理功能相较其他功能的主导地位也是一个关键指标。个体生活的极大变化要求医生不断地对理论进行修正，这些修正往往是无意识进行的，但从原则上讲，这根本不符合他的理论信条。谈到心理构成的问题，我必须指出，有些人的态度在本质上倾向精神性，而另一些人在本质上倾向物质性。我们不可只当这样的态度是偶然获得的，或源于某种误解。这些态度显现为根深蒂固的激情，不会因批评或劝说而消失，甚至有些情况下，表面上的彻底唯物主义实际上是对宗教倾向的否定。如今，人们更熟知的是相反类型的病例，不过这种类型的病例并不比其他类型更常见。在我看来，这些态度也是不应忽视的指标。

当我们使用"指标"（indicium）这个词时，看似用的是医学用语中的普遍含义，即某种治疗是适宜的。也许情况理应如此，但心理治疗确实还没达到这种确定性程度。因此，很遗憾，我们所说的指标不过是一种警告，提醒医生不能太过片面。

人类心理极其闪烁不定。在每一个病例中，我们都必须考虑这个问题：某种态度或所谓的习惯是否独自依存，或者仅仅是对立面的一种补偿而已？我必须承认，在这方面我屡屡误判。因此，每当面对具体的病例，我总是小心谨慎，力求避免对神经症的结构以及患者可能或应当采取的行为做出任何理论性的预设。我尽可能让纯粹的经验来决定治疗目标。

这可能看起来有些不寻常,因为通常的假设是,治疗师应当拥有一个明确的目标。但我认为,尤其是在心理治疗中,医生不宜设定过于固定的目标。因为他很难比患者自己更准确地了解患者需要什么。人生中的重大决定通常与本能和其他神秘的无意识因素有更大的关系,而非有意识的意愿和善意的理性。适合某个人的鞋子可能对其他人来说挤脚,没有一套适用于所有人的生活准则。我们每个人都拥有自己独特的生活方式,这是一种无法被他者替代的无定性模式。

当然,这些思考并不妨碍我们竭尽所能让患者的生活恢复正常、合乎理性。如果这样做能带来满意的结果,那么我们可以就此止步。但如果效果不够,无论好坏,医生都必须依据患者无意识展现的信息来治疗。在此,医生必须以患者的天性为依据,此时医生采用的路线不仅仅是为了治疗,更多是发掘和培养患者自身的创造潜能。

我要讨论的内容从治疗停止、个人发展开始的时刻开始。我在心理治疗方面的贡献仅限于那些理性治疗无法取得满意效果的病例。我处理的临床资料有一个特质:首次治疗的病例明显属于少数。我接诊的大多数患者之前都经历过某种形式的心理治疗,而治疗效果通常是部分有效或者是根本无效的。我治疗的病例中大约有三分之一的患者并没有表现出临床上可定义的神经症症状,而只是受到他们生活的无意义和空虚折磨。然而，在我看来，这完全可以被描述为我们这个时代的普遍性神经症。在我的患者中，年过中年的足足占三分之二。

用理性方法治疗这种特殊类型的患者颇具挑战，因为他们大多在社会上适应良好、具有相当的能力，对他们而言，变得正常并不具有实质意义。至于所谓的正常人，我对他们更加束手无策，因为我没有现成的人生哲学可以给他们。在我处理的大多数案例中，意识的资源已经榨干，用常见的说法来描述这种情况就是"我陷入困境了"。正是这一事实激励我去搜寻那些被掩藏的可能。当病人向我发问："您的建议是什么，我接下来该怎么做？"时，我发现自己与他一样茫然无措。我唯一清楚的是，当我自己的意识发现再无前进之路，即我"陷入了困境"时，我的无意识将对这种难以承受的停滞状态做出反应。

这种陷入停滞的情况在人类进化的历程中屡见不鲜，已成为无数童话和神话中的核心主题。我们都曾听说过"芝麻开门"这样用于开启上锁之门的咒语，或那些帮助揭示隐秘路径的动物。我们可以这样说："陷入困境"是一个典型的事件，在时间的推移中，它引发了典型的反应和补偿。因此，我们有理由猜测，在无意识的反应中，如在梦中，可能会出现类似的现象。

因此，在这类情况下，我更加关注梦境的解读。这并非因为我坚信梦境总是能提供援手，或者我掌握了某种神秘的梦境理论，可以用来解释一切事物形成的因由。我完全是出于迷茫。我不知道还能向何处求助，因此我在梦境中寻找答案，至少梦境为我们展示了某些影像，能指向某处，这总比毫无头绪要好。我并没有关于梦境的理论，我也不清楚梦是怎样产生的。至于我处理梦境的方式是否算得上"方法"，我自己都很怀疑。

我和读者一样，对梦境分析持有偏见，认为它在本质上不确定又任意主观。然而，我确信，如果我们投入足够的时间去深思一个梦（如果我们随时随地思考它，反复琢磨），那么总能从中获得些收获。当然，这种所谓的"成果"，并不是我们能夸耀其科学性或者能合理化的类型，却是一个实际且重要的提示，能让患者看到无意识会指引他走向何处。我甚至不会优先考虑梦境分析是否能产生科学可验证的结果，如果我这样做，那么我完全是出于个人目的，一种自我欲望的目的。如果分析梦境的结果对患者意义非凡，能为他的生活注入动力，我就如愿以偿了。对于分析梦境的合理性，我仅有一个标准，那便是其治疗效果如何。至于我的科学爱好，即梦境为何会有治疗效果，我要留到闲暇时刻再去研究。

最初的梦境内容千变万化，我指的是那些在治疗开始时患者向我诉说的梦。在诸多病例中，这些最初的梦境直指过去，唤起了已遗忘和个性中丢失的部分。正是这些片段引发了片面性，由此造成了停滞和随之而来的迷失感。用心理学术语来说，片面性可能会让人突然丧失力比多。我们之前的一切活动都会变得索然无味，甚至毫无意义，而我们曾经追寻的目标也失去了价值。在一人身上可能只是体现出短暂的情绪变化，在另一人身上却可能发展成为长期的状态。在一些案例中，个人性格发展的其他可能性通常潜藏在过去的某个角落，而且没有人知道其所在，连患者本人也无从得知。但是，梦境或许可以提供线索。在其他案例中，梦境指向当前的实际情况，如婚姻或社会地位，但是患者从未有意识地认识到这些因素是问题和冲突的根源。

这些可能性属于可以理性解释的范围内，要对这些最初的梦境给出看似合理的解释并不难。当梦境不指向任何具体事物时（这是常见的情况），真正的难题就来了，尤其是当它们似乎预见未来的时候。我并不是指这些梦境必定具有预见性，而是指它们起着某种预测或"侦察"的作用。这些梦携带着对未来可能性的暗示，因此对于外行人来说永远难以合乎情理。这些梦境往往连我自己都觉得不太合理，这时我会对我的患者说："我不相信这个梦，但还是继续跟进它的线索吧。"正如我所提到的，刺激效应才是唯一的评判标准，我们并非必须理解其背后的原因。这在包含神话意象的梦境中尤其明显，这些梦境有时异常奇异且令人费解。它们包含类似"无意识的形而上学"之类的元素，这些是未分化的心理活动的表现，常常蕴含着有意识思维的萌芽[1]。

一位"正常"患者向我提到过一次漫长的最初梦境，梦

---

[1] 柏拉图的洞穴理论，是对后来几个世纪哲学家关注的知识问题的一种富于想象的预见。梦境和幻想偶尔能展示出与之媲美的哲学洞察力。（译者注）

里有个重要片段是他妹妹的孩子生病了。那是一个两岁左右的小女孩。一段时间前，他的妹妹确实有个儿子生病去世了，但是她的其他孩子并没有生病。梦中那个生病的孩子的形象起初让他感到迷惑，这是肯定的，这是因为它完全不符合事实。由于梦者与他的姐姐之间并没有直接而紧密的联系，他在这个形象中几乎找不到任何与自己有关的东西。接着，他突然想起，两年前他开始研究神秘学，而正是这个领域令他步入了心理学的门槛。这个孩子显然代表了他对心理世界的兴趣，这一点单凭我自己绝不可能想到。从理论上说，这一梦境中的影像可能代表任何东西，也可能毫无意义。就这一点而言，一件事或一个事实是否始终会意味着什么呢？我们唯一能确定的是，解释梦境的总是人，也就是人在赋予事实意义。这正是心理学的关键所在。这给梦者留下了一个新颖且有趣的印象，即研究神秘学可能有点病态。不知怎的，这个想法正中其要害。而这就是那一决定性的时刻：分析梦境是会起作用的，不管我们选择如何去解释它如何起作用。对梦者来说，这个思想蕴含一种批评。因为这种批评，他的态度会发生某种转变。正是这种细微的、无法通过理性思考得出的变化，让事情开始有改变，死结也迎刃而解。

在解读这个案例时，我可以打个比方：这个梦意味着梦者的神秘学研究有点病态。如果梦者由梦境思考到这个问题，从这个角度出发，我或许谈到了"无意识的形而上学"。但我谈论得会更深入一些，我不仅让患者有机会看看他的梦境让他想到了什么，也允许自己观察他的梦境。我为他提供我的推测和见解，希望对他有帮助。如果这样做，我有所谓的"暗示"嫌疑，我也并不感到后悔。众所周知，我们只会受那些与我们内心已暗暗契合的暗示影响。在这解读谜团的过程中偶尔出错，也不会造成什么伤害。早晚心理会像生物体排斥异物一般排斥错误。我无须努力证明我的梦境分析是正确的，那在某种程度上是个无望的任务。我应专注帮助患者发现什么能对他起作用——我几乎道出了事实的真相。

对我而言，深入了解原始心理学、神话学、考古学以及比较宗教学非常重要，因为这些领域提供了无价的类比，借此我能丰富患者的联想。综合这些领域，我们可以找到那些表面看似不相关却富有意义的内容，并大幅度提升梦境分析的作用。因此，对那些在生活个人层面和理性领域已尽力而为，却仍未找到意义与满足感的人而言，步入直接体验的领域无疑极为激励人心。通过这种方式，实际而平凡的事物也开始展现出不同的面貌，甚至能够获得一种新的魅力。因为一切都取决于我们如何看待事物，而非事物本身的面貌。生活中微小但富有意义的事物比那些宏大但无意义的事物更有价值。

我认为我没有低估这项任务的风险。这项工作就像是要建造空中楼阁。的确，有人甚至可能会指责（这种情况也时有发生），遵循这种程序，医生和他的患者会一起沉溺于幻想。

对我来说，这不是一种指责，而是相当中肯的意见。我甚至努力配合患者帮他进入幻想。坦白说，我对幻想有着极高的评价。对我来说，它实际上是男性精神中具有母性创造力的一面。归根结底，我们永远无法完全摆脱幻想。确实有些幻想并无价值、不得要领、病态且令人不满，任何稍具常识的人都能一眼看出其无所助益，但这也不能说明创造性的幻想没有价值。所有人类的作品都起源于创造性的幻想。那我们又怎能贬低幻想呢？在日常生活中，幻想并不容易走偏。幻想深邃至极，与人类和动物的本能紧密相连。它总能以令人惊讶的方式自我纠正。想象力的创造性活动使人摆脱了"仅此而已"的限制，并激发了他内心的玩乐精神。正如席勒（Schiller）所言，人只有在玩耍时才是完整的人。

我的目的是营造一种让患者开始探索自己本性的心理状态，一种流动、变化和成长的状态，其间不再有任何永恒固定和无比僵化的东西。当然，我在介绍我的方法前应先说明其基本原理。在处理梦境或幻想时，我有一个原则，那就是不超出对患者而言有意义的范围。我努力在每个案例中尽可能地让患者清楚这一意义，以便他也能理解其超越个人层面的联系。这一点非常重要，因为当一个普遍性的事物发生在某人身上，他却认为这是自己独有的体验时，他的态度显然是错误的，也就是会过于个人化，这会令他游离于人类社会之外。我们不仅需要当代的、个人化的意识，还需要一种超个人意识，能让我们有历史延续感。虽然听起来可能有些牵强，但经验显示，许多神经症的成因在于人们出于对理性启蒙的孩童式热忱，从而忽视了自身的宗教冲动。当代心理学家应该认识到，我们现在面对的不再是关于教条和信仰的问题。宗教态度是心理生活中的一个元素，其重要性再多强调也不为过。正是由于宗教观念的存在，历史延续感才至关重要。

再次谈及我的技术问题时，我反思自己在多大程度上借鉴了弗洛伊德的理论。不管怎样，我是从弗洛伊德的自由联想方法中学习到这种技术的，并且我认为我的技术是对这种方法的进一步发展。

只要我帮助患者探索他梦中的有效要素，并努力向他阐释他梦中象征的普遍意义，那么从心理学角度来看，他依然处于儿童阶段。目前，他依赖他的梦，并且总在思考下一个梦是否会为他带来新的启示。此外，他还依赖我对他梦境的理解，依赖我的能力，希望我利用自己的知识来提升他的洞察力。因此，他仍然处于一种不理想的被动状态，一切都充满了不确定性和疑问。我和他都不清楚这段旅程何时到头。这就像是在黑暗中摸索前进。在这种状况下，我们不能期望有任何明显的治疗效果，因为不确定性实在太大。此外，我们不断面临这样的风险：我们白天所编织的东西，夜晚就可能会被拆解。其危险在于没有什么能够最终形成，也没有什么能保持原貌。在这种情况下，患者经常会做一个特别丰富多彩或奇异的梦，并对我说："你知道，如果我会画画，我真的会把它画出来。"梦境可能涉及照片、绘画、素描、彩绘手稿，甚至电影。

我已经将这些提示转化为实际操作，现在我鼓励我的患者在这种时候真的去画出他在梦境或幻想中所看到的东西。

通常我会遇到这样的反对意见："我又不是画家。"对此，我一般回应说，现代绘画者也不是画家，这正是现代绘画完全自由的理由，而且这并不是画得是否美的问题，而只是花费点工夫画出来一幅画而已。我最近在一个才华横溢的肖像画家的案例中看到，我说的绘画方式与"艺术"多么地不相关，她不得不像技艺不精的幼童一样，重新开始学习画画，仿佛她之前从未拿过画笔一样。画眼前所见和画内心所感是完全不同的。

因此，我的一些年纪稍长的患者都开始画起了画。我很理解每个人都会觉得这是一种毫无治疗效果的业余活动。但是，我们必须记住，我们讨论的不是那些还需要证明自己社会价值的人，而是那些已经无法从他们对社会的价值中找到意义的人，他们碰到了个人生活意义这个更深层次、更危险的问题。对于那些还未达到这一阶段的人来说，成为群体中的一部分具有意义和魅力，但对于那些已经体验够了的人来说则毫无吸引力。那些以培养大众化人才为荣的"教育者"可能总会否定个人生活的重要性。

但每个人迟早都会受驱使自己去找寻这种意义。

尽管我的患者偶尔会创作出一些艺术性的作品，这些作品完全能在现代艺术展览中展出，但我仍然认为，按严格的艺术标准来说，它们完全没有价值。而且，重要的是不应该赋予它们任何此类价值，否则我的患者可能会将自己误认成艺术家，这将破坏这种练习的积极效果。这并非艺术的问题，或者更准确地说，不应该是艺术的问题，而是更为重要、超越单纯艺术之外的事物,即对患者自身的实际影响。个人生活的意义虽然从社会的观点来看可能微不足道,却在此被赋予了最高的价值。正因如此,哪怕笔触多么笨拙和孩子气,患者也在努力给无法言喻之物赋形。

但为什么我在某个发展阶段要鼓励患者通过绘画、铅笔画或书写的方式来表达自己呢?我的目标与处理梦境时一样:我希望产生治疗效果。在之前描述的孩童状态中,患者保持着一种被动状态,但现在他开始扮演一个积极的角色。最开始,他把自己幻想的内容呈现在纸上,这样就将其转化为一种有意识的行为。他不仅仅在谈论幻想,还真的会围绕它做一些事。从心理学的角度看,一个人每周与医生进行两次有趣的对话(而结果通常是悬而未决的)与花费数小时挣扎于难以驾驭的画笔和颜料,最终创作出表面上完全无意义的东西相比,完全是两种不同的经历。如果他的幻想对他本身真的毫无意义,那么努力将其画出来将会非常烦琐,他几乎不可能再去画第二次了。但由于他的幻想对他来说并不完全是无意义的,他对此的投入加强了幻想对他的影响。此外,努力将幻想影像可视化要求他对其各个部分进行全面研究。如此一来,他可以完全体会到幻想带来的作用。绘画的训练为幻想赋予了现实性元素,因此赋予了它更大的重要性和推动力。事实上,这些粗糙的图画确实产生了效果,我必须承认,这些效果难以用言语描述。当患者偶尔亲身体会到自己通过绘制这种象征性画作而摆脱了苦恼心境时,他在遭遇不顺时便会采用这种解脱方法。这样,患者便赢得了一些宝贵的东西，即独立性成长，这是迈向心理成熟的一大步。通过这种方法，患者可以实现创造性的独立（如果我可以称其为创造性的独立的话）。他不再只依赖自己的梦境或医生的知识，而能通过绘画来表达自己的内心体验。因为他所绘制的是充满活力的幻想，正是这些激发了他。在内心激活他的就是他自己，但并非他之前错误认识的自我，彼时他将个人的自我误认为自体（self），而现在是一种新的意义上的自我，因为他的自我现在表现为一个受内在生命力驱动的客体。他努力在他的一系列画作中，尽可能完整地表达他的内心活动。但最终发现这些内心活动永远是闻所未闻、全然陌生的，这是心理生活的潜藏基础。

我难以向你描述这些发现在多大程度上改变了患者的观点和价值观，以及它们如何改变了人格的重心。这就像自我是地球，突然发现太阳（或者说自体）是行星轨道和地球轨道的中心。

但我们不是一直都知道这是事实吗？我本人相信，我们一直都知道这一点。我可能在理智上了解某件事，另一部分自我却对此一无所知，实际上我可能就像不知道这些事一样生活着。我的大多数患者都明白这更深层的道理，但并没有真正遵从它来生活。他们为什么没有这么做呢？因为有一种偏见让我们都将自我放在生活的中心，这种偏见源自对意识的过度重视。

对于仍在适应阶段且尚未取得成就的年轻人来说，尽可能有效地塑造有意识的自我（培养意志）是极其重要的。除非他真的是个天才,否则他不可能相信自己内心活跃着与意志不一致的东西。他必须认为自己是一个有意志的人,并且可以从容地轻视自己内心的其他所有东西,或认为这些都受他的意志支配,因为没有这种错觉,他几乎不可能适应社会。

对于已经步入下半生的患者,情况就不同了。他不再需要培育自己有意识的意志,而是为了理解自己个人生活的意义,必须学会体验自己的内心世界。对他来说,社会效用已不再是自己的目标,尽管他并未质疑它的价值。他十分明白自己的创造性活动在社会上不那么重要,只是将其视为一种促进个人发展并使自己受益的方式。同样,这种活动逐步使他从病态的依赖中解脱出来,从而获得内心的坚定和新的自信。这些最终的成就反过来也有助于患者在社会生活中进一步发展。因为比起那些无法与自己的无意识和平共处的人,一个内心健康、自信的人处理社会任务时更加得心应手。

我有意避免在本书中过多引入理论,但还是有许多内容难以理解。但为了更容易理解患者创作的画,还是需要提及某些理论。这些画作有一个共同特点,无论在绘图还是着色上都有非常明显的原始象征主义特点。这些画作的用色非常粗犷,也常展现出一种古老的特性。这些特点揭示了催生这些画作的创造力的本质。它们是人类进化历程中非理性、象征性的潮流,极为古老,以至于很容易就能在考古学和比较宗教学中找到类似的表现。因此,我们不妨假设这些画作主要起源于我称之为集体无意识的心理生活领域。

集体无意识指的是存在于所有人类中的一种无意识的心理活动，现今它能催生象征性的图画，也是过去所有类似作品的源头。这些画作起源于一种自然的需求，也满足了这种需求。似乎通过这些画作，我们将部分心理表达了出来，它通向远古，并将远古意识与当代意识相调和，从而减少了远古意识对后者的干扰。

我必须补充一下，仅仅完成这些画作并不够。除此之外，还需要在理智上和情感上理解它们。它们必须有意识地整合在一起，变得易理解、符合道德规范。目前，我只零碎地完成了这个阶段。

事实上，我们现在踏入了一个崭新的领域，在这里，成熟的经验成了第一要素。出于一些重要原因，我希望能避免草率下结论。我们正在探讨意识之外的心理生活领域，而我们的观察方法是间接的。我们目前还不了解自己试图探索的领域有多深。正如我之前所提到的，这似乎是一种中心定位的问题，因为许多患者感觉起决定性作用的画作都指向这一方向。这是一个创造新的平衡中心的过程，仿佛自我正在其周围旋转。这个过程的最终目标一开始还比较模糊。我们只能说，它对有意识的人格产生了重要作用。有意识人格增强了患者对生活的感知，并使其生活得以运转，从这一事实可断定，这个过程有独特的目的性。我们可能会称这为一种新的幻觉。但幻觉究竟是什么，我们用什么标准来判断某事是幻觉，真存在我们所说的"幻觉"吗？我们称之为幻觉的东西，对人来说可能是生命中的重要因素，就像氧气对生物体的重要性一样，是一种至关重要的心理真实。可以料想，心理并不关乎我们对现实的分类，因此，对我们而言，更明智的说法是凡有作用的都是真实的。

那些想要深入了解心理的人不应将心理与意识混淆，否则他将无法弄清自己想要探索的目标。相反，为了真正理解心理，他必须学会识别它与意识之间的差异。我们所说的幻觉很可能对心理来说是真实的，这就是为什么我们不能将心理真实与意识真实混为一谈。对心理学家而言，愚蠢的立场莫过于传教士声称的观点："可怜的异教徒"的神明都是幻觉。但不幸的是，我们仍在沿用相同的教条式方法，仿佛我们所谓的真实就不再同样充斥着幻觉。在心理生活中，如同我们所有经验领域一样，所有起作用的事物都是真实的，无论人们选择给它们起怎样的名字。要理解这些事件的真实性，这才对我们至关重要，而非试图给它们换上另一个名字。对于心理而言，即使被称作性欲，精神仍然是精神。

我必须重申，各种技术术语及其变式永远无法触及上述过程的本质。就像生活本身一样，我们无法用意识中的理性概念来理解这个过程的本质。正是因为深切感受到这一真理的整体力量，我的患者才转而采用象征性表达。在描绘和解释这种象征的过程中，他们发现有些方式比理性解释更为有效，也更能满足自己的需求。

第四章
心理学的类型理论

　　性格是人类固有的个体特定形态。鉴于身体和行为或心理都有各自的形态，普通性格学必须同时阐释生理特征和心理特征的重要性。生命体神秘的单一性必然导致一个结论：身体特征不仅仅是生理上的，心理特征也不仅仅是心理上的。为了帮助理解，人类不得不对事物做了对立区分，但自然是连续的，并不会做这样的区分。

　　心理与身体之间的区别是一种人为的二分法，这种区分无疑更多从智力理解的独特性出发，而非事物的自然属性。事实上，身体和心理特征的交织如此密切，以至于我们不仅能从身体的结构推断出心理的构造，还能从心理的特殊性推测出相应的身体特征。确实，后一个过程更加困难，但这肯定不是因为身体对心理的影响超过了心理对身体的影响，而是有其他原因。当我们以心理作为起点时，我们是从相对未知的领域探索到已知的领域；反过来，我们可以利用一个已知的出发点了解未知，即从可见的身体出发，这更有优势。尽管我们认为自己现在掌握了许多心理学知识，但是心理仍然比看得见、摸得着的身体更加神秘莫测。心理依然是一个陌生的、几乎未被探索的领域，我们只能通过间接的方式来了解它；我们通过了解意识功能来认识它，而意识功能有无限欺骗性的可能。

既然如此，从外部世界到内部世界、从已知到未知、从身体到心理的探索方法对我们而言似乎更加稳妥。因此，所有对性格学的探索都始于外部世界。在古代，占星师甚至将目光投向星球空间，以期确定那些人类与生俱来的命运轨迹。手相术、加尔（Gall）的颅相学（phrenology）、拉瓦特（Lavater）的面相学（physiognomy），以及近来的笔迹学（graphology）、克雷奇默（Kretschmer）的体格类型学和罗夏（Rorshach）的墨迹测验法，都属于从外部特征进行解读的方法。正如我们所见，从外到内、从物理到心理的路径有许多，研究有必要沿着这个方向进行，直到我们充分确立一些基本的心理事实。一旦确立这些事实，我们就可以反过来研究了。到那时，我们就能够提出这样一个问题：特定的心理状态与哪些身体因素相关联？遗憾的是，我们目前还没有达到这个程度，哪怕只是粗略回答这个问题。首先需要做的是确立心理生活的基本事实，而这至今尚未完成。事实上，我们才刚开始汇编心理的详细内容，而我们的成果也并不总能尽如人意。

如果确立的事实仅仅表明某些人具有这样或那样的外表，而无法能令我们推断出相应的心理特征，这一事实便无意义。我们只有确定了哪些心理特征与给定的身体构成相匹配，才能真正有所收获。没有心理，身体对我们来说几乎没有意义，正如没有身体，心理一样于我们毫无意义。在我们尝试从生理特征中推导出心理相关因素时，正如前所述，我们是在从已知走向未知。

遗憾的是，我必须强调这一点，因为心理学是所有科学领域中最年轻的，也因此最容易受到先入之见的影响。我们直到近期才发现心理学。在这之前，客观地研究心理学是不可能的。

作为一门自然科学，心理学实际上是我们新近的发现。到目前为止，它仍然像中世纪的自然科学一样，充满了奇幻和随意性。直到现在，人们仍认为心理学可以不依赖经验数据，好像可以通过法令创造，这是一种我们依然在努力克服的成见。然而，心理生活的事件是我们最直接接触到的，似乎也是我们最为了解的。实际上，它们对我们来说太过熟悉，以至于我们对它们感到厌烦。我们对这些永无止息的琐事乏味的程度感到惊讶。简而言之，我们实际上在心理生活的即时性中挣扎，并尽一切努力避免想到它。因此，心理本身就有即时性，而我们自己就是心理，我们几乎不得不假定自己对它了如指掌，而且这毋庸置疑。这就是为什么我们每个人都有自己独特的心理学观点，甚至坚信自己比其他人更懂心理学。这种偏见促使每个人都认为自己是解决心理问题的最佳权威。而精神科专家可能是第一批作为专业群体认识到这种盲目偏见的人,因为他们必须与患者的家庭成员和监护人打交道,而这些人的"理解"是尽人皆知的。但这当然也不能阻止精神科专家变成"自称无所不知的人"。其中一位精神科专家甚至坦称:"这座城市里只有两个正常人——一位是我,另一位是 B 教授。"

鉴于今天心理学领域的情况,我们必须承认最靠近我们的事物实际上是我们最不了解的,虽然它看起来像是我们最了解的事物。此外,我们还必须接受这样一个事实:其他人可能比我们自己更了解我们。不管怎样,这一点作为一个起点,将是一个极具启发性的原则。正如我之前所述,正是因为心理离我们如此之近,所以我们才在如此晚的时候发现心理学。心理学是一门仍处在起步阶段的科学,我们缺乏理解事实所需的概念和定义。虽然我们缺少概念,但事实是充足的,而且我们几乎被这些事实包围,几近被淹没。这与其他科学领域的情况形成了鲜明的对比。在其他科学中,首先需要发掘事实。在这些科学中,会对初始信息进行分类,进而出现描述特定自然规律的概念,如化学中的元素分组和植物学中的所属分类。在心理领域,情况则完全不同。在这种情况下,采取经验性和描述性的观点会让我们受制于自己难以阻遏的主观经验。因此,只要这些混杂的印象中产生任何综合概括,通常不过是某个症状。由于我们自己就是心理的体现,我们几乎不可能让心理现象自由发展而自己不陷入其中,因此我们也失去了辨识差异和进行比较的能力。

这是一大困难。另一个困难在于我们越是从特定的现象转向处理没有空间界限的心理，越不可能通过精确测量来确定任何事物，甚至确立事实也变得困难。比如，如果我想强调某件事的非现实性，我会说那是我想出来的。我会说："如果不是某件事发生，我根本就不会有这种想法。而且，我平常不会去想这类事情。"这样的评论常见，它们展示了心理事实是多么的朦胧，或者更确切地说，在主观方面是多么令人费解。然而，实际上，它们就像历史事件一样具有客观性和确定性。事实是，无论我对这一事实附加了什么条件和规定，我确实是这样想的。为了承认这一显而易见的事实，很多人必须与自己内心进行斗争，这通常要求他们付出许多努力。所以，这些就是我们从外部观察的事物来推测心理状态时面临的困难。

现在，我的研究领域更为专限，我不从临床上确定外部特征，而是对从中推断出的心理资料进行调查和分类。这项工作的首个成果是对心理的描述性研究，使我们得以提出关于其结构的一些理论。通过这些理论的实践应用，最终心理类型的观念得以形成。

临床研究以症状的描述为基础，而从这一步到对心理的描述性研究的转变类似从纯粹症状学的病理学到细胞和代谢的病理学的转变。这意味着对心理的描述性研究揭示了那些隐藏在内心深处、产生临床症状的心理过程。我们知道，这种洞察力是通过应用分析方法获得的。今天，我们对那些产生神经症症状的心理过程有了深入的了解，因为我们对心理的描述性研究已经深入到能够确定情结的程度。在心里的隐秘角落内可能正在发生其他事情。关于此有众多说法，但有一点是确定无疑的：首先且最重要的是所谓的情结（具有一定程度自主性的情感内容）。虽然"自主情结"（autonomous complex）这一说法常受到反对，但在我看来，这种反对似乎没有道理。无意识中活跃内容所表现出的行为，没有什么比用"自主"这个词来形容更恰如其分了。"自主"这个术语表示：情结对意识意图有反抗，它们可以随心所欲地出没。根据我们对它们的深入了解，情结是那些超出有意识心智控制范围的心理内容。它们已从意识中分裂出来，在无意识中单独存在，始终准备着阻碍或加强有意识的意图。

进一步研究情结，不可避免地要涉及其起源的问题，关于这一点存在多种不同的理论。除了理论，实践经验表明，情结总是有某种类似冲突的成分，可能是情结引起了冲突，也可能是冲突引起了情结。总之，冲突的特点，即震惊、动荡、精神上的痛苦和内心的挣扎，也是情结的典型特征。它们在法语中被称为祸根（bêtes noires），在英语中被称为"壁橱里的骷髅"（skeletons in the cupboard）。它们是我们不愿回想，更不愿他人提及的"弱点"，却经常不请自来，以最不受欢迎的方式回到我们的脑海中。它们总含有我们从未真正解决的记忆、愿望、恐惧、责任、需求或看法，正因如此，情结不断以干扰性的且通常有害的方式干预我们的意识生活。

显然，情结在广义上代表一种自卑，我必须即刻加一个限定，拥有情结并不一定意味着自卑。这仅意味着存在不合时宜、未被同化和发生冲突的事物，它们或许是障碍，但也可能激励人付出更多的努力，从而可能取得新成就。因此，从这个角度看，情结是我们心理生活中不愿缺失的焦点或结点。情结实际上必不可少，否则心理活动将陷入灾难性的停滞。但情结也标志着个体未解决的问题，那些他至少暂时遭受挫败的点，以及他无法逃避或克服的事物——他在各个方面的弱点。

情结的这些特性让我们很清楚地理解其起源。它显然源于适应社会的需求与个体自身能力不足以应对这一挑战之间的冲突。从这个角度看，情结是一种症状，帮助我们判断个人的气质倾向。

经验表明，情结的形式千变万化，但仔细比较就可以发现，典型的基本模式较少，而且都源自童年的最初经历。这必然如此，因为个体的性格倾向在童年就是已存在的一个因素，它是先天的，而不是在生活过程中获得的。因此，父母情结（parental complex）不过是个体天生无法满足现实的要求，从而和现实产生冲突的最初表现。情结的首要表现形式无疑是父母情结，因为父母是孩子第一个会遭遇冲突的现实。

父母情结的存在并不能对我们了解个体的特殊构成提供太多帮助。实践经验告诉我们，问题的核心不在于父母情结的存在，而在于这种情结在个体生活中的特殊表现方式。在这方面，我们观察到个体之间有显著差异，但只有极少数能归因于父母影响的特殊因素。通常会有好几个孩子受到相同的影响,但他们各自的反应方式完全不同。

接下来我会关注这些差异,因为我相信,正是通过这些差异,我们才能识别出个人特有的气质倾向。为什么在一个神经症家庭中,一个孩子表现出癔症,另一个孩子表现出强迫症,第三个孩子出现精神病,第四个孩子却似乎没有任何反应?这个"神经症挑人"的问题,弗洛伊德也曾面对过,它剥夺了父母情结本身的所有病因学意义,并将研究转向了做出反应的个体及其特殊的气质倾向。

虽然弗洛伊德对这个问题的回答让我并不满意,但我自己也无法回答这个问题。实际上,我认为目前提出"神经症挑人"这一问题还为时过早。在我们着手解决这个复杂的问题之前,我们必须对个体的反应方式有更全面的了解。问题在于人们会对障碍做出什么反应。例如,我们来到一条没有桥的小河前,河流太宽,无法简单步过,我们必须跳过。为此,我们可以启用一个复杂的功能系统,即心理动力系统。这一系统已经非常完善,启用即可。但在这之前,会发生一些纯粹心理层面的事情,也就是说,我们已经决定了接下来应该怎么做。随后的活动就是选择某种方式解决问题,这便因人而异了。但重要的是,我们很少或几乎不会把这些事件视为具有某种特征,因为我们通常根本看不见自身,或者只在最后才能看见自身。也就是说,正如心理动力系统自动为我们所用,还有一个专用的心理机制随时可供我们做决定。它也按照习惯发挥作用,因此也是无意识的。

至于这一心理装置是什么样的,大家的观点不一。唯一可以肯定的是,每个人都有自己习惯的决策方式和处理困难的方法。第一个人可能说是因为觉得好玩才跳过小河;第二个人可能说是因为没有其他选择;第三个人还可能说面对的每一个障碍都是挑战,他需要克服这些挑战;第四个人之所以没有跳过小溪,是因为他讨厌无用功;第五个人选择不跳,是因为没有迫切需要过河。

我特意选择了一个普通的例子来说明这些动机看起来有多么毫不相干。确实,它们看起来非常微不足道,以至于我们经常把它们全部推到一边,更倾向用我们自己的解释来代替。然而,恰恰是这些差异为我们提供了宝贵的信息,去了解个体心理的适应机制。如果我们在其他生活的场合观察那个因为好玩而跳过河的人,可能会发现他大多数情况下选择做或者不做一件事可以通过这件事是否带给他快乐来解释。我们会注意到,那个认为别无选择的人在生活中虽谨慎,但总是犹豫地做出决定。在所有这些情况中,特殊的心理系统可以供即时决策。我们很容易想象,会存在无数种这样的态度。这些态度的变化像晶体一样变化多端,不过我们还是可以辨认出它们属于某个特定系统。但就像晶体展现出一些相对简单的基本特征一样,这些个人态度也展示出一些基本特征,所以我们能够将它们归入特定的门类。

自古以来,人们就一直尝试根据类型对个体进行分类,以期在混乱中创造秩序。我们所知道的最古老的尝试是由东方占星家进行的,他们设计了有关风、水、土、火四元素所谓的"三"宫。在十二宫图中，风象宫由天秤座、双子座和水瓶座这三个"气"属性的星座组成；火象宫则包括白羊座、狮子座和射手座。按照这一古老观念，具有这些星座的人都具有其气性或火性的特质，并表现出相应的气质和命运。这种古老的星象体系是古代生理类型理论的源头，其中四种气质与人体的四种体液相对应。最初这四种气质通过黄道十二宫表示，后来转化为希腊医学的生理术语，形成了黏液质、多血质、胆汁质和忧郁质。这些仅仅是针对人体假定体液的术语。众所周知，这种分类持续了近十七个世纪。至于占星术的类型理论，令那些摆脱迷信的人大为惊讶的是，它至今完好无损，甚至成为一种新的热潮。

这种历史性回顾可以使我们稍稍宽心，我们现在制定类型理论所做的努力绝不是前所未有的，尽管我们的科学良心不允许我们再回到这些古老的、直觉式的处理方法上。我们必须在这个问题上找到自己的答案——一个满足科学要求的答案。

在此，我们遇到了类型问题的主要难题——标准或准则的问题。占星术的标准很简单，由星座决定。至于人类气质特征怎样关联到黄道十二宫和行星上，拨开史前迷雾，依然无解。希腊人根据四种生理气质进行分类，其标准是个体的外观和行为，这与今天对现代生理类型的判断方式完全一致。那么，我们应该去哪里寻找心理类型理论的分类标准呢？让我们回到之前提及的需要过河的那几个人。我们应该以何种方式和角度来对他们的习惯性动机进行分类呢？有人跳过小河是出于快乐，有人跳过小河是因为不跳会更加麻烦，有人不跳过小河是因为有其他想法，等等。能列出的所有可能性似乎无穷无尽，而且对于分类的目的而言，又毫无用处。

我不知道其他人将如何处理这项任务。因此，我只能告诉大家我是如何处理这个问题的，而且我必须接受这样的批评：我的解决方式是我个人偏见的产物。事实上，这种反对意见完全正确，以至于我不知道该如何回应。或许，我可以引用哥伦布的例子来安慰自己，他虽然使用了主观假设（一种错误的假设），选取了一条现代航海家遗弃的航线，但他最终还是发现了美洲。我们无论观察什么、如何观察，都只能通过自己的眼睛观察。因此，科学从不是一个人的功劳，而是众多人共同创造的。个人只是贡献了自己的力量，在这个意义上，我才敢谈论我个人看待事物的方式。

我的职业使我不得不生发一些普遍的道理，如多年来我治疗了众多夫妻，常常需要让丈夫和妻子的立场合理化。我不知道说过多少这样的话："您看，您的妻子天性非常活泼，您不能期望她的整个生活只围着家务转。"这是一种类型理论的开端，一种统计学上的真理：有人天性积极，有人生性被动。但这个陈旧的真理并未使我满意。因此，我随后会尝试说明。有些人倾向深思，有些人则不怎么深思，因为我观察到表面看似被动的性格实际上不那么被动，而是更倾向提前思考。他们通常先考虑一下情况，然后行动。因为他们习惯这样做，所以会错过需要立即行动、不做思考的机会，这常被视为被动。在我看来,那些不经深思的人似乎总是不假思索地跳入各种情境中,可能直到事后才意识到自己已陷入泥沼。因此,他们可以被归类为"不喜欢考虑的"人,这似乎比将他们归类为"积极主动的"人更为合适。在某些情况下,深思熟虑是非常重要的活动形式,与无论如何都必须立即行动相比,它是一种合理的行动方式。但我很快就发现,某些人犹豫并不总是出于深思熟虑,有些人迅速行动也不必然是因为缺乏考虑。前者的犹豫通常源自习惯性的胆怯,或至少是一种面对看似艰巨任务时习惯性的退缩;后者的即刻行动经常是由于面对任务时,自信占了主导。基于这一观察,我这样来描述这些典型差异:有一类人在面对特定情境做出反应的那一刻,会首先稍微退缩,似乎心里在默念一个"不"字,只有在此之后才能做出反应;另一类人在相同情境下会立即做出反应,明显对自己的行为充满自信,认为自己的做法无疑是正确的。因此,前一类人的特征是对客体持有某种消极态度,后一类人则表现出积极态度。

我们知道,前者对应内倾型,后者对应外倾型。但这两个术语本身并没有多少意义,就像莫里哀经常在其散文中用"布尔乔亚绅士"(bourgeois gentilhome)一样空洞。只有当我们认识到某一类型伴随的所有其他特征时,这两类人的区别才真正具有意义和价值。

一个人只有在所有方面都体现出内倾或外倾时,才能称之为内倾型或外倾型。我们所说的"内倾"是指所有心理事件都以我们认为内倾者所特有的方式发生。同样,如果我们确认某人是外倾的，就像证明他的身高一米八，他的头发是棕色，或是头型比较圆，这些都意义不大。这些表述仅能陈述一些基本事实。但"外倾"这个术语有着更深层的含义。它的意思是，如果一个人属于外倾型，他的意识和无意识都具备明确的特质，他的整体行为、人际关系以及他的生活轨迹都会展现出一些典型特征。

内倾或外倾都是典型的性格，意味着一种本质的偏向。它们影响整个心理过程，形成习惯性反应。因此，它们不仅决定了行为方式，还决定了主观体验的性质。而且，它们预示了我们预期会发现的那种无意识的补偿性活动。

当确定了习惯性反应后，便可以相当确定地认为我们已经找到了关键点，因为这些习惯性反应一方面指导着外部行为，另一方面塑造了特定的经验。某种特定的行为会带来相应的结果，对这些结果的主观理解会产生经验，进而又会影响行为，形成个体命运的闭环。

尽管毫无疑问，我们提到的习惯性反应是一个关键问题，但至于我们是否已经对其特征做了充分描述，还是一个微妙的问题。即使是同样深谙这一特殊领域的人们，在这一点上也确实存在分歧。在《心理类型》（Psychological Types）这本著作中，我汇集了我能找到的支持我观点的所有材料，但我也必须明确表明，我并不认为我的理论是唯一真实或唯一可能的类型理论。

我的理论很简单，它仅仅是将内倾与外倾进行对比，但遗憾的是，简单的理论往往最容易遭受质疑。它们太容易掩盖实际的复杂性，从而误导我们。我在这里讲述的是我自己的经验，因为我一发布我关于类型理论的首篇文章，就惊讶地发现我在某种程度上被它蒙蔽了，有些事出了问题。我以过于简单的方法解释了太多，就像有了新的发现之后首先会狂喜，而后才会发现有什么地方不对劲。

现在让我印象深刻的是一个不可否认的事实：尽管人们可以被归类为内倾型或外倾型，但这些分类并不能覆盖每个类别个体间的所有差异。同属一种类型的人之间差异实在太大，以至于我不得不怀疑我最初的观察是否准确。我花了近十年观察和比较，才消除这个疑虑。

同属一种类型的个体之间的巨大差异，使我陷入了始料未及的困境，很长一段时间，我一直无法解决这个问题。观察和识别这些差异相对来说并不困难，我所面临的困难根源，像以前一样，还是标准问题。我该如何找到正确的术语来描述这些特征差异，这时，我第一次充分意识到心理学实际上还很年轻。它不过是由任意观点构成的一片混沌，其中大部分似乎是在研究室和咨询室中、在博学多才的学者大脑中自发产生的。我无意冒犯，但忍不住奉劝心理学教授，也要注意女性心理、中国人的心理和澳大利亚原住民的心理。我们的心理学必须包括所有生命，否则我们仍将处于中世纪的封闭状态。

我已经意识到，在当代心理学的混乱状态中找不到可靠的分类标准。我们必须首先制定这些标准，当然，并非完全凭空制定，而是基于许多前辈做的宝贵预备工作，这些人的名字会永远留在心理学历史中。

我通过观察，挑选了一些心理功能作为分类标准，以区分我们讨论的各种差异，但由于篇幅有限，我不可能列出所有观察的内容。我只想在我所能理解的范围内，讲述对它们的理解。我们必须认识到，内倾型的人在面对客体时不仅仅是退缩和犹豫，还非常明确地这样行事。而且，每个内倾型的人在各方面的行为并不一样，有各自其特定的行为方式。就像狮子用其力量所在的前爪击倒敌人或猎物，鳄鱼是用尾巴，我们的习惯性反应也一样，通常都是运用我们最可信赖和最有效的功能，因为这是我们力量的展现。

然而，这并不能避免我们偶尔做出反应时暴露出特定弱点。因为当一种功能占优势时，我们便会去创设或寻求某些情境，来避免其他一些情境，所以我们就拥有了独一无二、不同于旁人的经历。一个聪明的人会凭借自己的智慧来适应这个世界，而不是像一个不入流的拳击手那样去适应社会，尽管在愤怒的时刻，他可能也会动用拳头。在生存和适应的斗争中，每个人都会本能地使用自己发展得最完善的功能，这就成了他习惯性反应的标准。

现在的问题：如何将所有这些功能纳入普遍的概念之下，从而在混乱的偶然事件中将它们区别出来。在社会生活中，这类粗略的分组早有形成，因此我们便有了农民、工人、艺术家、学者、战士等的划分。然而，这种类型划分与心理学的联系很少，正如一位知名学者说过的一句恶意的话：有些学者仅仅是"知识的搬运工"。

类型理论必须更加精细。比如，只谈聪明是不够的，这个概念太笼统，也太模糊。任何行为只要进行得顺利、迅速、有效且符合目的，都可以说是聪明的。聪明，就像愚蠢一样，不是一种功能，而是一种形态。这个术语只是告诉我们一个功能如何运作。道德和审美标准也是一样的。我们必须确定，在个体习惯性反应方式中，哪些功能是最主要的。

因此，我们不得不转向某种东西，乍看之下它极其类似18世纪古老的官能心理学，但实际上我们只是回归了日常交流中现行的观念，这些观念所有人都能接触到，也都能接受。举个例子，当我谈及"思考"时，只有哲学家可能会不明白我的意思，普通人都知道是什么意思。他们每天都会使用这个词，而且总是表示广义的含义，尽管如果突然被要求提供"思考"的明确定义，他们可能会感到困惑。"记忆"和"感觉"这些词同样如此。虽然科学地定义这些观念并将它们转化为心理学概念是一项艰巨的任务，但在日常交谈中，这些观念很容易理解。语言是基于经验而形成的意象库，因此过于抽象的概念在其中不容易生根，或者因缺乏与现实的联系而迅速消亡。但思考和感受如此真实，以至于每种稍高于原始水平的语言都有准确无误的词来表述它们。因此，我们可以肯定这些表达与完全确切的心理事实相一致，无论这些复杂事实相对的科学定义是什么。例如，尽管科学还远不能给"意识"一个令人满意的定义，但每个人都知道意识是什么，也没人会怀疑这个概念代表了一个明确的心理状态。

因此，我便根据日常语言中表达的观念来形成有关心理功能的概念，并以其为标准，评判同属一种态度类型的人之间的差异。比如说，我是根据人们通常理解的方式来看待"思考"的，因为我注意到一些人习惯性地比其他人思考得更多，所以他们在做重要决策时也更加重视思考过程。他们也会试图利用思考来理解和适应世界，无论遇到什么，都会仔细思考，或至少会根据经过思考得出的原则行事。另一些人则明显忽略了思考，转而偏重情绪因素，即情感。他们坚定地遵循情感指导定下的"政策"，只有在特殊情况下才会进行反思。这一类人与前者形成了鲜明的对比。如果这两类人成了生意伙伴或者夫妻，这种对比会更明显。目前，一个人无论是外倾型抑或内倾型，都可能倾向思考，并且总是带着其态度类型的特征进行思考。

然而，就算某种功能占主导地位，也并不能解释所有观察到的差异。我称之为思考型和情感型的两类人共有一些特点，我只能用"理性"这个词来描述这种共性。没有人会对"思考本质上是理性的"这一说法提出疑问。但当我们谈到情感时，可能会出现一些反对意见，我并不打算简单地驳斥这些意见；相反，我坦诚地承认，情感问题是一个我一直考虑的难题。然而，为了不使此书充斥太多这一概念的现有定义，我讨论的范围将仅限于阐述自己的观点。主要的困难在于，"情感"这个词可以有多种不同的使用方式。这在德语中尤其明显，但也在一定程度上表现在英语和法语中。因此，我们必须先仔细区分情感和感觉的概念，后者指的是感觉过程。此外，我们必须认识到，遗憾的情感与"感觉"天气即将变化或我们的铝业股票价格即将上涨是完全不同的。因此，我建议使用"情感"这个词（至少在心理学术语中），不再使用"感觉"这个词。而当涉及感觉器官时，我们应该使用"感觉"一词，如果涉及不能直接追溯到有意识感觉体验的感知，我们应该用"直觉"一词。因此，我将"感觉"定义为通过有意识的感官过程进行的感知，将"直觉"定义为通过无意识内容和联结得到的感知。

显然，我们可以就这些定义哪一个恰当争论到天荒地老，但最终的讨论还是一个纯粹的术语问题。这就像我们在争论应该将某种动物称为美洲狮还是山狮一样，关键在于知道我们用这个词来指什么。心理学是一个未经充分开发的研究领域，其特有的术语必须首先确定下来。众所周知，温度可以用列氏度、摄氏度或华氏度来测量，但我们必须明确我们正在使用的是哪一种标准。

显而易见，我将情感视作一种独立的功能，不同于感觉和直觉。凡是狭义地将感觉与直觉和情感混为一谈的人，显然无法理解感觉是理性的。一旦把情感与感觉、直觉区分开来，就会清楚地看到情感价值和情感判断（也就是我们的情感）不仅是理性的，还和思考一样具有辨别力和逻辑性，且前后一致。对于思考型的人而言，这种说法可能听起来有些奇怪，但我们可以理解，因为对一个思考功能出众的人，情感功能通常较为原始、不太发达，因此容易和其他功能相混，而这些功能往往是非理性的、缺乏逻辑的，具体来说就是感觉和直觉。这两个功能本质上与理性功能相反。当我们思考时，我们是为了判断或得出结论；当我们产生情感时，我们是为了对某事进行适当的价值判断。另外，感觉和直觉属于感知类型，它们让我们察觉到正在发生的事情，但并不对其进行解读或评估。它们并不按照任何原则有选择性地起作用，而只是感知正在发生的事情。然而，"所发生的事情"完全是自然的，因此其本质是非理性的。没有一种推理方法能证明就是存在这么多的行星，或者就是存在这么多的恒温动物。应当需要思考和情感的时候，缺乏理性便成了不足；而应当依赖感觉和直觉的时候，过度的理性则成了缺点。

现在，许多人的习惯性反应是非理性的，因为他们的反应主要基于感觉或直觉。这些反应不可能同时基于感觉和直觉，因为感觉与直觉之间的关系正如思考与情感一样相互对立。当我试图通过我的眼睛和耳朵去弄清楚发生了什么事情时，我不能同时指望梦境和幻想能告诉我隐秘处藏着什么。而这正是直觉型的人的做法，他们这样做是让无意识或客体自由发挥作用，由此便很容易看出感觉型与直觉型的人正好相反。遗憾的是，我在此无法深入讨论非理性类型中外倾型和内倾型的有趣差异。

相反，我更想补充一下，当某一功能受到重视时，一般对其他功能会产生什么影响。我们都知道，一个人永远不能十全十美，他在发展某些特质的同时，会牺牲某些其他特质，因而永远无法完美。那些未经锻炼发展且未在日常生活有意识地使用的功能将会如何？它们或多或少会停留在某种呈原始和幼稚的状态，通常处于半意识状态，甚至完全无意识。

这些相对不发达的功能构成了每种类型特有的劣势，是整体性格不可或缺的一部分。过分强调思考往往伴随着在情感方面的功能处于劣势，而分化出来的感觉和直觉功能也会相互影响。一个功能是否分化了出来，可以从其强度、稳定性、一致性、可靠性和适应性方面的作用判别。然而，一种功能是否处于劣势，通常没那么容易描述或者判别。一个根本的判断标准是，处于劣势的功能一般缺乏独立性，因此对他人和环境具有依赖性。此外，它会导致我们情绪化、过度敏感，它不可靠且模棱两可，还容易使我们受他人影响。我们在运用处于劣势的功能时，总是处于不利地位，因为我们无法控制它，甚至会成为它的牺牲品。

鉴于我在此只能简要介绍一种心理类型理论的基本观点，我很遗憾无法通过这一理论来详细描述个体特征和行为。我在这个领域至今的所有工作成果是提出了两种一般类型，包括我所说的外倾型和内倾型。除此之外，我还提出了一个四分类，对应思考、情感、感觉和直觉功能。每一种功能根据一般态度有外倾和内倾之别，形成了八种不同的变体。有人曾加以指责地问我，为什么不多不少提出四种功能。因为从经验事实来看，只有这四种功能。但如接下来的分析所示，这四个方面实现了某种完整性。

感觉确立了实际存在的事物，思考让我们能够理解其意义，情感告诉我们它的价值，直觉则表明了事实背后可能的来龙去脉。通过这种方法，我们能够像使用纬度和经度在地理上定位一个地点那样，完全定位我们在当下世界的位置。这四种功能有些类似罗盘上的四个基本方位，它们既是随意的，也是必不可少的。我们可以根据喜好将这些基本方位点在任何一个方向上移动若干度，也可以为它们赋予不同的名称。这只是一个习惯和理解的问题。

但我必须承认一点：在我的心理学探索旅程中，我绝不会放弃使用这个心理罗盘。这并不只是出于一个显而易见、极其人性的原因，即每个人都钟爱自己的观点。我看重类型理论的客观原因在于，它提供了一个比较和定位的系统，有可能使一直以来缺失的批判性心理学出现。

第五章
人生的阶段

探讨与人类发展阶段相关的问题是一项挑战性任务，因为这等同于描绘出从出生到死亡的整个心理生活的全貌。在本书有限的篇幅内，我只能勾勒出这个画面的大致框架，而且请大家理解，本章不会描述各个阶段中的常规心理事件。相反，我们将范围局限在某些"问题"上，即那些困难的、有争议的或模棱两可的问题。总之，我们讨论的问题可能有多种答案，而且这些答案总是容易受到质疑。因此，对于其中的许多问题，我们都需要附上问号。更棘手的是，有些事情我们必须不加怀疑地接受，而有些事情，我们甚至需要沉溺于一些猜测。

如果心理生活只包含外显的事件（在原始水平上，情况确实如此），那我们可以坚信经验主义。然而，文明人的心理生活充满了问题，我们甚至只能通过问题的角度来考虑它。我们的心理过程在很大程度上由反思、怀疑和试验构成，而这些对原始人无意识、出于本能的思维来说，几乎完全陌生。文明人能有这些问题的存在得益于意识的发展。这些问题不一定是文明的礼物。正是人类从本能中抽离，与本能相抗衡，才催生了意识。

　　本能属于自然，维持自然的延续，意识则只能追求文化或否定文化。甚至当我们在卢梭式渴望的启发下回归自然时，我们实际上也是在"教化"自然。只要我们还沉浸在自然中，我们就是无意识的，也仍然生活在没有问题困扰的本能庇护之下。我们内在所有仍然属于自然的部分都会回避问题，因为问题的代名词是怀疑，而怀疑所在之处充斥着不确定性和可能发生分歧的地方。当好几条路似乎都行得通时，我们就会偏离本能的确切指引，陷入恐惧。因为现在需要动用意识来完成那些一直由自然为子孙所做的事，即做出一个不容置疑的、明确无误的决定。在此，我们被一种极度人性的恐惧所困扰，担心意识（我们心中的普罗米修斯式征服）可能最终无法像自然那样为我们服务。

　　因此，问题将我们拉入一种隔绝在外、孤立无援的状态，我们被自然抛弃，不得不诉诸意识。我们别无他途，我们不得不求助意识决策和解决问题，而过去我们总是依赖自然发生的事件。因此，每个问题都可能扩展意识的范围，但同样需要我们告别幼稚的无意识状态和对自然的信赖。这种必要性是非常重要的心理事实，以至于它成为基督教教义中的核心象征性教导之一，即纯粹自然人的牺牲——那个无意识、纯真的人因为偷吃了伊甸园的苹果开始了悲惨的一生。《圣经》中人类堕落的故事将意识的初现描绘成了一种诅咒。事实上，我们正是这样看待问题的，每一个问题都迫使我们拥有更多的意识，让我们进一步离无意识的童年天堂越来越远。我们每个人都乐于回避自己的问题。如果可能，人们根本不会提起它，或者索性否认它们的存在。我们渴望让自己的生活变得简单、明确且顺利，因此问题成了禁忌。我们选择确定的事物，舍弃任何有疑问的事物（只要结果而非试验），却未意识到只有通过怀疑才能产生确定性，只有通过试验才能获得结果。巧妙地否认问题并不能带来确定感；恰恰相反，我们需要拥有更为广泛、更高层次的意识来获得我们所需的确定感和清晰感。

虽然上面这段结论篇幅较长，但为了明确我们讨论的主题的性质，很有必要。当我们必须面对某些问题时，会本能地回避那条需要穿过黑暗和模糊的道路。我们只希望听到明确无误的结果，却完全忘记了这些结果只有在我们勇敢地进入黑暗，再从中走出时才能得到。但要穿过黑暗，我们必须动用意识能提供的所有光明力量。正如我之前所说，我们甚至需要任由自己沉溺于各种猜测。因为在探讨心理生活的问题时，我们会不断遇到属于不同知识分支私人领域的原则性问题。我们常常会打扰并惹恼神学家、哲学家、医生和教育家，甚至会在生物学家和历史学家的领域中摸索前行。我们之所以做出这种过分的行为，不是因为我们傲慢，而是因为人的心理是由各种独特因素组合而成的，而这些因素也是各个领域专门研究的主题。人类正是从自己的独特构成中创造了科学。这些科学是人类的心理表征。

因此，如果我们问自己一个不可回避的问题："为什么人类与动物明显不同，会有着自己的问题？"，那么，我们会遇到那些数千年来交织着无数尖锐思想的死结。我不会在这一混乱的杰作上进行西西弗斯般的努力，而只是在人类面临的这一根本问题上努力提供我的答案。

没有意识，就没有问题。因此，我们需要以不同的方式提出这个问题：意识是如何出现的？没人能够确切地回答，但我们可以观察逐渐形成意识的小孩子。只要每位父母留心，他们都可以发现这一点。我们能够观察到的是，当孩子能辨认或认识某人或某物时，我们便感觉到孩子拥有了意识。毫无疑问，这也是为什么在伊甸园里知识之树结出了如此命运般的果实。

但是，在这个意义上，辨认或认识是什么呢？当我们成功地将一种新的感知与已经存在的背景联系起来，并且我们在意识中保留了新的感知和情景时，我们就说自己"认识"了某种事物。因此，认识基于心理内容之间的有意识联系。我们无法认识毫不相关的内容，甚至意识不到它们。因此，我们可以观察到的意识的第一阶段，是将两个或更多心理内容联系起来。在这个阶段，意识是断断续续的，局限于少数几个联系的表现，并且这些内容后来不会留在记忆中。事实上，在人生最初几年，没有持续的记忆，顶多就是一些记忆孤岛，像在遥远黑暗中的孤灯和周边点亮的物体。但这些记忆岛屿不同于心理内容之间最初的联系,它们包含更多和全新的内容。这个"新内容"非常重要,正是这一系列相关联的内容,构成了所谓的自我。自我与最初的内容系列类似,是意识中的一个客体,因此孩子最初总是客观地称呼自己,也就是第三人称。只有在后来,当自我内容被赋予了自身的能量时(很可能是由于练习的结果),主观感觉或"我性"(I-ness)才开始出现。无疑,这一刻,孩子开始用第一人称称呼自己了。在这个阶段,连续的记忆开始形成。因此,从本质上讲,这种连续记忆是一种连续的自我记忆。

在意识处于孩童时段时还没有出现问题;没有什么事情是取决于主体的,因为孩子本身仍完全依赖父母。这就好像孩子还未完全出生,他仍包裹在父母的心理氛围之中。

心理上的出生,以及随之将自我与父母有意识地区分,通常在青春期,随着性生活突然出现而发生。这种生理上的变化伴随着一次心理上的巨变。因为身体的各种表现非常强调自我,以至于它常常无节制、无限度地表现出来。因此,这个时期有时被称为"让人难以忍受的年纪"。

在青春期之前,个体的心理生活基本由冲动所主导,几乎不会或完全不会遇到问题。

即使外在限制与个体的主观冲动发生冲突,这些限制也不会让个体与自身相矛盾。他会屈从这些限制或者绕过它们,始终与自我保持和谐一致。他此时尚未体验到问题会引起的内心紧张。只有当外在限制转变为内在障碍时,也就是当一个冲动与另一个冲动相抗衡时,才会出现内心紧张的状态。用心理学术语来表达便是如下：由问题引发的状态（与自己发生矛盾的状态）发生在一系列自我内容系列与另一同等强度系列内容同时出现时。由于第二系列内容具有的能量价值，它便拥有与自我情结同等的功能意义。我们可以将其视为另一个自我或第二个自我。它在某些情况下能够从第一个自我那里夺取主导权。这便导致了与自身的疏离，这种状态预示着问题就要出现了。

综上所述，我们可以如此总结：意识的第一阶段包括辨认或"认识"，是一种无序或混沌的状态；第二阶段，即发展完善的自我情结，是一个专断或者一元化的阶段；第三阶段是意识进一步的发展，包括意识到自身的分裂状态，这是一个二元化的阶段。

到这里，我们才着手讨论我们的实际主题，即人生的各个阶段。首先，我们需要关注青年时期。它大致从青春期一直延伸至中年（35～40岁）。

有人可能会问我，为什么选择从人生的第二个阶段开始讨论，难道与孩童时期相关的问题不重要吗？对父母、教育工作者和医生来说，孩子复杂的心理生活当然是一个首要的问题，但如果一切正常，孩子本身并没有真正属于自己的问题。只有当一个人成长后，他才可能对自己产生怀疑并与自己发生冲突。

我们都非常了解青春期产生问题的根源。对于大多数人来说，是因为生活的需要，他们才匆忙地结束了童年的梦想。如果个体准备得足够充分，那么过渡到职业生涯可能会相对顺利。但如果他执着于与现实相矛盾的幻想，那么问题肯定会随之而来。没有人在生活中不做出一定假设，而这些假设有时是错误的。也就是说，它们可能不符合一个人所处的环境。这些问题通常是关于对期望的夸大、对困难的低估、盲目乐观或态度消极等。人们可以列出许多错误假设，这些假设导致了最初的意识问题。

但导致问题出现的并不总是主观假设与外部事实的冲突，内在的心理干扰也很常见。即使在外部世界一切顺利的情况下，这些问题也可能存在。很多时候，干扰心理平衡的是性冲动，因为难以忍受的敏感而生的自卑感也会干扰心理平衡。即便在适应外部世界似乎并不费力的情况下，这些内在的困难也可能存在。似乎那些不得不为生存艰苦奋斗的年轻人往往能幸免于内心的问题，而那些由于某种原因而容易适应外部世界的人可能遭遇性方面的问题或者由自卑感引起的冲突。

那些自身性格气质就会带来问题的人往往会表现出神经质，但将存在的问题与神经症混为一谈就大错特错了。两者之间存在明显的区别：神经症患者之所以生病，是因为他意识不到自己的问题；性格气质会带来问题的人则是因为意识到了自己的问题而受折磨，但并不患病。

我们发现青少年时期的个人问题几乎无穷无尽、多种多样，如果我们试图从中提取一些共同的本质因素，几乎在任一案例都会发现一个特征：他们或多或少会明显依赖童年时期的意识水平，反抗那些内在和外在的命运力量，而这些力量试图将他们推向这个世界。他们内心的某个部分希望保持童心；它希望他们是无意识的，或者至多只能意识到自我；它希望他们拒绝一切外来的事物，或者至少使其服从我们的意志；它希望他们什么都不做，或者至少沉迷于追求快乐或权力。在这种倾向中，我们观察到类似物质惯性的东西。与二元化阶段相比，它要保持迄今为止的状态，其意识水平更低、更狭隘、更以自我为中心。因为在二元化阶段，个体会发现自己被迫要意识到并接受不同而陌生的事物成为自己生活的一部分，就像是把它们当成"另一个我"（also-I）。

二元化阶段的核心特征是生活范围的扩展，而个体对此抵制。确实，这种扩展，或用歌德的说法，这种舒张，实际上早在二元化阶段之前就已经开始了。这一过程始于出生时，那时孩子离开了母亲子宫的狭小空间；从那时起，它逐渐成长，直到达到一个临界点；那时个体开始被问题困扰，于是开始与之抗争。

如果他只是简单地将自己变成那个不一样的、外来的"另一个我"，并让早先的自我消失在过去，会发生什么呢？我们可能会认为这是一个相当可行的路径。从布道时说要人们摒弃以前的亚当，再往前到原始种族的重生仪式，宗教教育的最终目的是将一个人转化为一个新的、面向未来的人，并让旧的生活方式逐渐消失。

心理学告诉我们，在某种意义上，心理中没有什么是陈旧的，没有什么能真正、最终消逝。即使是圣保罗，也经历了巨大的创伤。那些想让自己免受新奇事物影响而退回到过去的人，会陷入那些认同新事物而逃离过去的人相同的神经症状态。唯一的区别是，后者与过去疏远，前者与未来疏远。原则上，两者在做同样的事情：试图去挽留一种狭隘的意识状态。解决方法是利用二元化阶段中对立力量引起的紧张来打破这种狭隘状态，从而建立一个更广阔、更高级的意识状态。

如果这能在人生的第二阶段实现，那么结果会很理想，但难就难在这里。首先，自然并不为更高水平的意识所动。此外，社会并不认为这些心理的突破有什么重要的价值，社会只奖励成就而非人格，而成就大多在身后才得到认可。在这种情况下，解决这个难题的特定方法变得具有了强制性：我们被迫限制自己去做可实现的事物，并发展特定的才能，因为只有这样，有能力的个体才能成就自己的社会身份。

成就、有用等是我们的理想，似乎能指导我们走出重重问题的混乱局面。这些理想可能成为我们在扩展和巩固心理生存的冒险中的指路星。它们可能帮助我们在世界中扎根，但它们无法引导我们发展那种更广阔的意识，我们称之为文化。在青春期，无论如何，这样的过程是正常的，并且在所有情况下，它都比挣扎在混乱的问题中好得多。

因此，这个两难困境通常以这种方式得到解决：过去赋予我们的东西都要适应未来的可能性和需求。如果我们把自己局限在只做可实现的事物，这就意味着放弃了所有其他可能性。有的人会失去自己过去的珍贵部分，有的人会失去自己未来的珍贵部分。每个人都能回忆起一些朋友或同学，他们曾是富有希望、很有理想的年轻人，但多年后再次见面时，他们似乎已经江郎才尽，被束缚在一个狭窄的空间内。这些是上述列举的解决方案的实例。

然而，生活中的重大问题永远不能彻底解决。若偶尔似乎一切都如愿以偿，那便是我们在某处遗落了重要东西的征兆。问题的意义与目的并不藏在答案中，而在于我们的不懈追问与努力。正是这种持续的探求，才使我们避开了愚昧与僵化。同样，对于青春期问题（也就是将自己局限于追求可实现的目标）的解决方法，这种策略只是一种权宜之计，它无法持久。无疑，为自身在社会中寻得一席之地，并转变自己的天性，使之或多或少地适应这样的生存状态，在任何时候都是一次不凡的成就。这是一场发生在内心深处与外在世界的双重奋斗，仿佛儿时我们为捍卫自我而产生的斗志。我们要承认，这场战斗大多悄无声息，因其在暗中缓缓展开。但当我们看到人们在年华老去时仍旧执着于那些童年的幻想、先入之见和自我中心的习惯，我们就能真切感受到塑造这些习惯耗费了他们多少能量。青春期那些引领我们踏入人生旅程的理想、信仰、指引思想和态度与我们的生命同呼吸共命运，我们似乎变成了它们，于是我们欣然允许其存在，视其为理所应当，正如孩子在世界面前，即便是在违背自己意愿的情况下，有时甚至会恶意对待自己，也要坚守自我。

我们越是接近中年，越是能牢固地建立个人观点和社会地位，也就越感觉自己仿佛找到了正确的人生之路，找到了恰当的理想和行为准则。因此，我们将它们视为永恒不变的东西，对它们坚守不渝，还将其当作一种美德。但我们忽视了一个基本事实：社会所颂扬的成就往往是以牺牲个性为代价换来的。生活中有许多本应去感受的生活细节，现在只是与尘封回忆一起躺在角落里。有时，它们犹如藏于灰烬下透着微光的煤炭。

统计数据显示，在40岁左右的男性中，精神抑郁症的发病率有所上升，而女性出现神经性障碍的时间通常更早一些。我们观察到，在人生的这一阶段（35～40岁），人类心理会有一个显著的转变。这种转变起初是无意识的，也不明显，更多的是一些间接的迹象，表明有种转变会从无意识中产生。通常，这是一个人性格缓慢的变化过程。在其他情况下，一些儿时消失的性格特点可能又会重新浮现。有时，某些爱好和兴趣开始逐渐消退，被新的兴趣代替。同样，我们还经常看到，一直以来所秉承的信念和原则（特别是那些道德准则）变得日益僵化。直至50岁左右，便步入了一个不容异己、充满狂热偏执的阶段。在那个时刻，这些原则面临着危机，因此有必要进一步强调它们的重要性。

青春的琼浆并不总能随着岁月的推移而趋于澄明，而往往会变得愈加混浊不清。上述种种特征在某些偏激的人身上尤为明显，它们或早或晚地显现。在我看来，如果一个人父母健在，这些特征出现的时间就会迟一些。这就像是青春期被过分拉长了一样。在那些父亲高寿的男性病人身上，我尤其注意到了这种情况。父亲的辞世往往导致了一种急促的成熟过程，这可以说是灾难性的。

我认识一位敬虔的教堂理事，他自 40 岁开始便在道德和宗教领域中越来越不宽容，最后甚至让人难以忍受。与此同时，他的性情日渐刻薄。终究，他沦为了一位渐渐倒下的"教会支柱"。在这种状态下，到了 55 岁，某个夜晚，他忽然从床上坐起，向妻子说："如今，我终于明白了！实际上，我不过是一个十足的无赖。"他的这种自我认知并非徒劳无功。在暮年，他过着奢靡的生活，挥霍了大部分财富。毫无疑问，他是一位"可爱"的人，能够游走于两种极端之间。

成人频发的神经性障碍有一个共同之处，那就是掩饰不了试图延长青春期心理特征的倾向，他们想要以此迈过所谓的懂事门槛。谁不熟悉那些令人同情的老先生，他们总是乐于回味他们的学生时光，好像只有回首他们年轻时的英勇岁月，才能点燃生命的火花，而在其他时候，他们只是无望而麻木的市侩老人。可以肯定的是，通常他们有一项不容低估的优势：他们不会患上神经症，只是单调乏味、墨守成规。会患上神经症的人总是无法在现实中如愿以偿地拥有一切，因此也永远无法享受过往。

如同青年时期的神经症患者无法逃避童年一样，中年期的神经症患者也舍不得离开青春。他们对步入暮年的忧郁想法退避三舍，面对前方难以忍受的景象，总是不断地回首往昔。正如一个孩子气的人会对世间和人生的未知感到畏缩，成年人同样对人生的下半场感到惧怕。仿佛有未知而危险的任务在等待他，或是他即将面对自己所不愿承担的牺牲和损失，或他的生活至今显得如此完美而珍贵，让他难以割舍。

归根到底，这是不是对死亡的恐惧？我觉得这种可能性并不大，因为通常来说，死亡还遥不可及，因而更像是一个抽象的概念。实际经验告诉我们，这一转变的所有困难源于心灵深处的一种独特且深刻的变化。为了表达这一点，我必须用太阳的日常运行来比喻，但这个太阳被赋予了人类的感情和有限的意识。清晨，太阳从无意识的夜间海洋升起，凝视着它面前广袤而明亮的世界，这个世界随着它在苍穹中不断升高而逐渐扩展。随着太阳越升越高，活动范围也不断拓展，在此期间，太阳也将寻找到其存在的意义。它将目标定为上升到最高点，以尽可能最大范围地散播其恩泽。在这样的信念驱使下，太阳追寻着其独特且不可预知的轨迹达到顶峰。不可预知的原因在于，其轨迹是独一无二和富有个性的，无法预先估量其顶点。当午时来临，它开始下降。下降代表了早晨所珍视的所有理想与价值彻底逆转。太阳进入了自我矛盾之中。这就好似太阳应该吸收光线，而非散发光线。光与热开始逐渐减弱，最后彻底消失。

所有比喻都有不足之处，但这个比喻至少不逊色于其他的。一句法国箴言以嘲讽又无奈的口吻对此做了总结："愿年少有所知，愿暮年有所能。"

幸运的是，我们人类并非似日出日落般无常，否则我们的文化将岌岌可危。然而，我们的内心深处确实有一缕太阳般的光芒，所以我们才会说生命之初的晨曦与春光、暮年的黄昏与深秋，这并非感伤的套话。这样描述就表达了一个心理学真理，更映射出生理学的现实。因为正午时刻的这种反转，甚至能改变我们的身体特征。尤其在南方的种族中，可以见到一种现象：上了年纪的女性嗓音会变得低沉沙哑，脸庞上隐约出现胡须，表情透出一种坚忍，还会出现其他一些男性特质；反观男性，他们会因女性特质的渗入变得更加柔和，体态因脂肪的积累而圆润，面部表情也会更细腻。

人种学的文献中有一段有趣的故事，讲述了一个印第安战士首领在中年的时候梦见了印第安部落崇拜的大神。大神告诉他，从此以后，他必须和妇女、儿童一起生活，穿女性的衣服，吃女性的食物。他遵从了梦里的指示，但也并未因此丧失名望。这一幻象是人生处于正午时分发生心理巨变的真切体现，预示着生命逐渐步入暮年。人的价值观和他的身体似乎都在朝着反方向转变。

我们可以将男性和女性及其心理属性比拟为某种独特储藏的物质，在生命的前半程中，这些物质被不均衡地消耗。男性耗尽了大量的男性物质，只留下少量的女性物质，而现在他不得不开始使用这些女性物质。女性的情况则截然相反，她唤醒了自己沉寂未用的男性能量。

与生理层面相比，这种变化在心理层面的影响更大。这种情况时有发生：一个40岁或50岁的男人结束了自己的职业道路，而他的妻子独挑重担，开了自己的小店面，这个男人偶尔会去店里打杂。许多女性过了40岁后，才唤醒了自己的社会责任和社会意识。在当代的商业生活中，尤其在美国，40岁及以上的人突然精神崩溃的情况很常见。如果仔细观察这些患者，便会发现崩溃的正是长期以来支配他们的男性生活模式，而留下的是一位逐渐显露女性特质的男人。反观在同一商业舞台上，某些女性在生命的后半段展现出了非凡的男性化特质和敏锐性，将情感和同情心暂置脑后。这种性格上的巨变常常带来婚姻中无尽的波折：当丈夫开始拥有柔情的一面，妻子却发现自己思维敏捷时，必然激起波澜。

更糟糕的是，很多聪明且文化素养高的人对这种可能的转变浑然不觉。他们毫无准备便要迎接生命的下半阶段。存在为40岁人士设立的学院吗？有机构能像普通大学引导年轻人了解世界和生活一样，为40岁人士未来的生活及其挑战做好准备吗？并没有，这样的学院或机构是不存在的。我们毫无准备便要迈入人生的下午；更糟的是，我们迈入这一旅程时带着错误的预设，认为我们的真理和理想会一如既往为我们服务。但我们不能按照人生早晨的规划来度过生命的下午，因为早晨显得伟大的东西到了黄昏将显得渺小，上午的真理到了黄昏也可能变成了谎言。在为无数步入暮年的人提供心理辅导，以及屡次深入探寻他们灵魂深处的秘密后，我对这一基本事实深信不疑。

上了年纪的人应该明白，他们的生活不会再走上坡路，也不会往外扩展，而是被一股不可抗拒的内在力量驱动，生命正渐渐走向收敛。对于年轻人来说，过分关注自我或许是种罪过，甚至充满风险；对于年长者而言，认真关注自我则是一种责任，也是必需。在将其光辉洒满人间之后，太阳逐渐回收光线，以照亮自身。但很多老年人并不会这样做，他们宁愿沦为疑病患者、守财奴、教条主义者、一味吹嘘过去或者以为青春永恒的人,这些选择都是照亮自己的可悲替代品,也是误以为生命后半程仍应遵循前半生原则不可避免导致的结果。

　　我之前提到我们没有为40多岁人群设立的学校,这话说得不尽准确。在过去,宗教一直扮演着这样的角色,但在当今,又有多少人真正将其视为这样的学校呢?在年长者中,又有多少人真正在这样的学校里学习过,为生命的后半程、死亡乃至永恒的旅程做好了准备?

　　如果70岁或80岁的高龄对其所属的物种没有意义,人肯定活不到这样的年龄。人生的下午必定有它自己的意义,但绝不能仅仅是人生早晨的可悲附属物。早晨的意义无疑在于个体的成长,在于我们在这个世界中扎根,在于繁衍后代以及关爱后代。这是自然明显的目的。但当这一使命已达成,甚至超越预期,不断赚钱、扩展征服领域和生活范围是否将超越所有理性和感知的界限,稳定地持续下去?那些将早晨的法则——自然的目的——带入人生的下午的人,必将以灵魂的损伤为代价,正如一个成长中的青年若坚持保留幼稚的自我中心主义,必将因这个错误在社会上遭遇失败。赚取财富、维持社会地位、组建家庭与培育后代,无非是自然的基本要素——它们并不等同于文化。那么,文化有可能是人生后半段的意义和目标吗?

　　在原始部落中,我们可以看到,老年人大多是神秘传统和戒律的守护者,而部落的文化遗产正是通过这些老年人表现出来的。我们的情形又是怎样的呢?我们的老年人的智慧究竟在哪儿？他们的宝贵秘密和远见又在哪里呢？在多数情况下，我们的老人似乎正试图与年轻一代竞争。在美国，父亲和儿子兄弟相称，母亲想成为女儿的妹妹，这几乎可以说是父母的理想。

我不确定这种角色混乱在多大程度上是对从前过分夸大年长为尊的反作用，以及有多少归咎于错误的理想。这类理想的确存在，怀有这些理想的人总是将目光回溯到过去，而非展望未来。因此，他们不断尝试重返往昔。我们必须承认，对这些人来说，除了前半生这些广为人知的目标，要挖掘后半生的其他目标确实颇具挑战。扩展生活面、成为有用的人、在社会上出人头地以及精明地引导子女走向美满的婚姻和拥有满意的工作，这些目的还不够吗？遗憾的是，对于众多人而言，上述这些意义或目的并不够。他们将步入老年视作生命的消退，将自己曾经的理想视为褪色和磨损的东西。当然，如果这些人早年已经满斟生命之杯，饮尽生命美酒，他们对现在的一切将有截然不同的感受。如果他们没有留下任何遗憾，在年轻时纵情燃烧过，那么他们能很好地享受老年的平静。但我们不应遗忘，能将生活演绎为艺术的人寥寥无几。生命的艺术，是所有艺术之中最为卓绝而罕见的。有多少人能够以优雅之姿饮尽生命之酒呢？因此，对许多人来说，总有太多未尝试的东西平白溜走，有时候他们即使倾尽全力也无法获得这些东西。这样，他们带着未曾满足的期望走向暮年，必然会频频回顾往昔。

对这些人而言，回首过往极为不利，展望未来和设定新的目标是不可或缺的。这正是所有伟大宗教许诺存在死后生活的原因：它让世人能够带着与前半生同等的毅力度过后半生。对于当代人而言，生命的延展和生命的高峰是貌似合理的目标，但对他们来说，死后生活的观念似乎不太可信或者不可思议。只有在生存太过凄惨以至于我们欣然让它终结，或者当我们确信太阳在走向落幕的同时（照射另一个世界的子民），也付出了和攀上顶峰同样的努力时，生命的终结，即死亡，才能被接受为一个目标。但在当今时代，信仰已成为一种很难达成的艺术，这就使人尤其是受过良好教育的人几乎无法找到信仰之路。他们已经非常习惯于此类想法，即永生之类的问题常常自相矛盾，而且缺乏令人信服的证据。由于"科学"才是当今世界让人信服的口号，因此我们总是想用"科学"来证明一切。但受过教育、懂得思考的人都明白，这种证明是不可能实现的。关于这一点，我们一无所知。

既然如此，是不是也可以这样说：我们也无法确定一个人死后会发生什么呢？答案既非肯定，也非否定。我们怎么样都无法用确凿的科学证据来支持任何一种说法，因此我们问这个问题，就像在问火星上是否有生命一样。如果火星上真有生命，它们肯定不会关心我们肯定还是否定它们的存在。它们可能存在，也可能不存在。对于所谓的永生，情况也是如此，因此，我们不妨将这个问题搁置。

但在此，我作为医生的良知被唤醒了，因此我需要补充一点必要的内容。我观察到，有目标的生活通常比漫无目的的生活更好、更丰富,也更健康一点,顺应时间的潮流向前行进总比逆流而上要好。对心理治疗师而言,无法与生命告别的老人与无法真正拥抱生活的年轻人一样,都显得虚弱和病态。实际上,在很多病例中,这两者的问题本质相同:都是同样的幼稚、贪婪、恐惧、固执和任性的问题。作为医生,我深信从死亡中探寻出一个值得追求的目标是有益心理卫生的,如果我可以表述为心理卫生的话;回避死亡则是不健康、不正常的,因为这样会剥夺后半生的目的。因此,我认为宗教上关于来世生活的教导与心理卫生的观点是相吻合的。当我知道自己居住的房子将在未来两周内倒塌时,这个念头将影响我所有的生理功能,如果我感到自己安全无虞,我便能以正常而舒适的方式在那里生活。因此,从心理治疗的角度看,比较理想的做法是将死亡仅仅视为一个过渡阶段——只是生命过程中的一个部分,其范围和持续时间我们无从知晓。

大多数人并不清楚为什么身体需要盐分,尽管如此,每个人仍然本能地摄取盐分。心理方面的情况也是如此。自古以来,绝大多数人都觉得有必要相信生命是延续的。因此,治疗的需求并不会使我们走向歧途,而是引领我们沿着人类历史长河中的主流道路行进。所以,尽管我们可能无法完全理解自己的思考,但关于生命意义的这种思考本身就是正确的。

我们真的能完全理解自己思考的是什么吗?我们仅能理解那些公式一样的思考。我们输入什么,就产出什么。这只是智力活动而已。除此之外，还有一种使用原始意象进行的思考——所用的象征比人类历史还古老。这些符号自远古时代就根植于我们的内心深处，源远流长，经年累月，至今仍是人类心理的根基。只有与这些象征符号和谐相处，我们才能过上最为充实的生活，而智慧便是回归这些古老符号的一种过程。这既不是关于信仰的问题，也不是关于知识的问题，而是我们的思考是否与无意识的原始意象相一致的问题。

这些原始意象是我们全部有意识思想的源泉，其中之一便是有关来生的观念。科学和这些意象符号是无法在一起比较的。它们是想象力不可或缺的条件；它们是第一手的数据，科学也无法否认其存在的合理性和必要性。科学只能把这些原始意象当作既定的事实来对待，正如它研究甲状腺功能那样。在19世纪以前，人们将甲状腺视为无用的器官，这完全是因为人们不了解它的功能。如果今天我们认为这些原始意象毫无意义，那我们便同样短视了。在我看来，这些意象宛如心理的器官，我需要极为谨慎地对待它们。有时，我不得不向一个年长的患者解释："你对上帝的认知或者关于永生的想法已经逐渐消退，因此，你的心理代谢机制出现了紊乱。"古代关于不死药，即长生不老药，实际上比我们的理解更富有深度和意义。

在此，我想重新引用之前关于太阳的比喻。人生就像一道180度的弧线，分为四个部分。第一部分位于东方，是童年。在这个阶段，我们对他人来说是一个问题，但自己还没有意识到自己有任何问题。第二部分和第三部分则是我们意识到的问题。在最后一部分，即最年老的时期，我们再次退回到一种状态。在这种状态下，我们不受自己的意识状态所困扰，再次成了他人的问题。当然，童年和最年老的时期截然不同，但它们有一个共同点：都沉浸在无意识的心理事件中。由于孩童的心智会从无意识中生长，它的心理过程尽管不易观察到，但还是比老年人的心理过程更容易觉察，这些老人已经再度陷入无意识，并在其中逐渐消失。童年和老年不存在意识上的问题，所以，我在这里不做讨论。

第六章
弗洛伊德与我

事实上，我的观点与弗洛伊德的观点之不同应由不受我们观点影响的圈外人去探讨。对于自己的观点，我能做到不偏不倚吗？真的有人能做到吗？对此，我深表怀疑。倘若有人告诉我，某某人完成了一次壮举，其成就足以和《吹牛大王历险记》中敏希豪生（Münchausen）男爵的成就媲美，那我便确信此人的观点肯定是从别人那里抄来的。

的确，广为接受的观点从来都不是其所谓作者的私有物，相反，这些作者却被视为自己观点的奴仆。奉为真理的观点必然有其特殊之处。这些观点虽然形成于一个特定时代，但是具有永恒性。它们诞生于富有滋养力的心灵王国，在这个王国中，人的思想稍纵即逝，就像植物一样开花、结果，然后凋零、死亡。人在短暂的一生中，是无法将观念创造出来的，因此不是我们创造了观念，而是观念塑造了我们。诚然，面对一些观点时，不可避免要承认，人的优点、不足以及个人缺点都会暴露出来。心理学观点更不外如是。如若不是来自人生最主观的见解，它们又能来自哪里呢？客观世界的经验能让我们免于主观偏见吗？难道说每一种经验在最理想的状态下就不是主观阐释了吗？另外，主体本身也是一种客观事实，它仍旧隶属于客观世界。主体的任何问题说到底都产生自这片土地，就好比那些珍禽异兽同样由我们脚下的这片土壤孕育和滋养。

准确来说，那些最主观的观点只有无限接近自然和生命，才称得上最为真实。但真理又是什么呢？

我们是为了探讨心理学，所以最好摒弃掉一个观念，即认为我们当前的目的是探讨真实或正确的心理学本质。我们最多能做到实事求是。我说的实事求是是指，对主观上观测到的一切事物进行公平公开、详无不尽的表述。有些人看重观点表达的形式，并因此认为他用了自己的方式创造了观点；有的人则强调自己只是一个观察者，他会将自己意识到的感受表达出来，并坚称这是带给他的主观感受。真理就在两者之间。实事求是就是将观测到的东西表达出来。

现代的心理学家无论其理想多么远大，都很难说其成就超过了能够接受的程度，与表达的合理性还具有一定的差距。当前的心理学就是少数几个心理学家研究成果的整体呈现。他们的表达形式有时充分，有时则不充分。原因就在于，个体或多或少会倾向某一类型，所以他的表述可以代表一大批人的观点。另外，倾向其他类型的个体无论怎么说都还是属于人类，因此，也可以说这种表述同样适用于他们，尽管没那么恰当。弗洛伊德所说的性学说、婴儿性欲、"现实原则"冲突论以及乱伦学说等，都是自己的心理构成的最真实写照。他将在自己身上发现所得恰当地表述了出来。我并非弗洛伊德的反对者，我之所以被安上这顶帽子，只不过是因为弗洛伊德及其门徒眼界太过狭隘。有经验的心理治疗师都不会否认，许多病例都符合弗洛伊德学说。从将自身见解公之于众这个角度说，弗洛伊德推动了人类一项伟大真理的诞生。弗洛伊德穷尽一生精力和心血，创立了一门心理学，而这门心理学将他个人的成就展现得淋漓尽致。

我们自身是什么样决定着我们用什么样的方式看待事物。他人与我们的心理构造不同，他们看待事物、表达自己的方式也与我们不同。弗洛伊德最早的门徒之一——阿德勒就是个恰如其分的例子。尽管和弗洛伊德研究的是相同的经验素材，但他切入的角度截然不同。阿德勒也代表一种著名的心理类型，因此他看待事物的方式足以与弗洛伊德媲美。当然，我也了解，对于我的观点，以上两个学派的成员会毫不犹豫地否定，但我仍希望历史和秉持公道的人士能够为我证明清白。在我看来，这两个学派都过度强调生命的病理方面，在阐释人方面又过分看重人的缺陷，因此这两个学派都应受到谴责。关于这一点，弗洛伊德无法理解宗教经验就是个很好的例子，这在他《幻觉的未来》(*The Future of an Illusion*)一书中得到了很好的体现。就我个人而言，我喜欢将人看作健全的，让患者免于受弗洛伊德观点的影响。弗洛伊德学说是根据与神经症状态相关的事实概括出来的,所以绝对是片面的,仅适用于这些相关的神经症状态。尽管有错误,但弗洛伊德学说在这些范畴之内仍然具有合理性,因为错误说到底也隶属于他的学说整体,而且表明了他态度的真实性。说到底,弗洛伊德学说并不是一门探讨健康心理的心理学。

弗洛伊德心理学的病态症结在于它的立足点是一种未经受批评甚至是无意识的世界观,而这种世界观在相当程度上限制了人类经验和理解的领域。弗洛伊德的一大错误是他背弃了哲学。他从未对自己个人观念的前提甚至是假说有过任何批判行为。正如我上面所说的那样,我们可以推断出,自我批判是十分必要的。原因在于,倘若他曾批判性审视过自己的假说,就不会在《梦的解析》(*The Interpretation of Dreams*)一书中将自己幼稚独特的心理倾向展现出来。无论如何,他都会和我一样吃尽苦楚。我从不拒绝哲学批判这杯苦乐参半的酒,从来都是小心翼翼、浅尝辄止。反对我的人会说,这未免太少了,但我的直觉告诉我,那已经很多了。自我批判很容易荼毒人的天真无邪,这种天真无邪是无价之宝,或者说是种天赋,是无创造力人士无法拥有的。不管怎样,哲学批判让我看到了每一种心理学(包括我自己的心理学)都具有一定的主观性。但是,我必须竭尽全力避免自我批判毁灭我的创造力。我深知自己说的每句话都具有主观色彩,而我自身的独特性以及特殊的历史背景和时代背景是一部分原因。即便我面对的是经验性数据,我讨论的也必然是自己。我之所以为人类认识人类事业做出了贡献，是因为我看到了其中的不可避免性，这也是弗洛伊德致力效忠的事业，而且无论如何，他的确是做出了自己的贡献。知识不仅建立在真理之上，也建立在错误之上。

这里的问题就在于要接受这样一个事实，即凡是由人创立的心理学说，都不可避免具有主观色彩，也许就是在这个问题上，我与弗洛伊德的观点截然不同。

我与弗洛伊德另一个不同点是，我尽量避免受到有关一般世界的那些无意识的以及未经批判的假说的影响。之所以说"我尽量"，是因为谁也不能保证自己不会受到无意识假说影响。至少我尽力让自己避免那些愚不可及的偏见，因此，只要各种神力活跃在人们心中，我便承认它们的存在。无论把自然本能或冲动称之为性欲还是权力意志（will to power），我都毫不怀疑它们是人类生活的动力。但我也毫不怀疑这些本能会与精神发生碰撞，因为它们总是不停地与其他事物发生碰撞。既然这样，我们为何不称这种东西为"精神"呢？我至今还不清楚精神为何物，也不知道本能是什么东西。于我而言，两者同样神秘，但我肯定无法通过解释其中一个而去否认另一个的存在。果真如此，那便大错特错了。地球上只有一个月亮并非成员误解。自然界本身并不存在误解，只有在人类"理解"领域才存在误解。当然，本能和精神超出了我的理解范围，它们只是我们用来代表未知强大力量的术语。

可以看出，我认为所有宗教都有其存在的价值。在它们的象征意象中，我可以看到病人在梦境和幻想中遇到的人物形象。在道德教义中，我看到了与我的病人在自己的洞察力或灵感的指引下，寻求与内在生命力量打交道的正确方法时所做出的努力。祭典、仪式、入会礼以及苦修等各种繁杂的形式和类型，我都十分感兴趣，因为透过这些，我可以找出它们与内在生活力量之间的关联。同样，我也认为生物学和自然科学的经验主义具有积极的价值。通过这些，我看到了企图从外部世界来理解人类心理的艰巨性。我也认为诺斯替教（gnostic YeLigions）是从相反的角度做出的巨大努力，我们可以从内部汲取很多和宇宙相关的知识。在我个人的世界观中，存在一个广阔的外部世界和一个同样广阔的内部世界。人则介于两者之间，时而面对一个，时而面对另一个，并且依据个体自身的心情和性情，选择否定或牺牲一个而将另一个奉为绝对真理。

当然，这种说法是假设的，但鉴于其具有巨大的价值，因此我并不打算舍弃。在启发性和经验性方面，它都得到了证实，并且受到一般共识（consensus gentium）的支持。尽管可以想象我的思路是经验所得，但这一假说的确是我内心所得。在这个假设的基础上，我得出了自己的类型理论，它要求我将自己不同的观念调和一致，就像和弗洛伊德的一样。

我发现，万事万物都是成对出现的，基于这一观点，又衍生出了心理能量（psychic energy）这个概念。我认为，心理能量和物理能量一样来自对立面的相互作用，有冷有热、有高有低的道理是相同的。一开始,弗洛伊德把性欲视为心理唯一的推动力,我与他决裂之后,他才承认其他的心理活动也具有一定的地位。就我而言,为了避免一种武断且只探讨驱动力或冲动的心理学,我把各种心理动力和力量都归在了能量的范畴。因此,我说的不是它作为动力或推动力的价值强度。尽管弗洛伊德一再声称我在否认性在心理生活中的重要性,但我上面所说的并没有否认性在心理生活中的重要性。我的用意只是要遏制以泛化的形式使用"性"这一术语的直接倾向,这种倾向已经结束了对人类心理的任何讨论。在此,我想把"性"放在属于它的位置上。从常识的角度看,性只是所有生命本能的众多心理和生理功能之一。

毋庸置疑,在性生活领域中,人类陷入了混乱。当我们牙疼的时候,通常无法集中精力考虑其他事情。弗洛伊德的性欲理论认为,病人需要被迫或被诱导修正自身的错误态度,这显然对性抑制过分强调了。一旦正常发展的大门开启,性欲自然就会回归正常状态。这种现象是一种对亲属的反抗,是一种家族关系中生命力受到阻碍的现象,被称为"婴儿性欲说"。实际上,这种现象准确来说并不是性欲,而是另一种生活领域中的不自然表现。事实如此,我们又何必留恋这个洪水泛滥的地方呢?开凿泄洪渠道比在洪水中逃命的做法要明智得多。我们需要做的是,转变态度或寻求新的生活方式,尽力去宣泄阻塞的能量。若无法实现这一目标,就会陷入一种恶性循环,这实际上也就是弗洛伊德心理学说可能会造成的危机。在这种情况下,人类就无法超越那些固有的生物循环。这一绝望事实会让人们像保罗那样大声呼喊:"我命好苦啊!谁能好心救我摆脱啊?!"我们中的智者就会走上前,头摇着,嘴巴里面说着弗洛伊德式的话语:"你们真的只知道这一种推动力啊?!"那就是与双亲以及后代血脉之间的联系,即与先代和后代血亲"乱伦",这就是家庭关系永恒的原罪。想要摆脱这种联系,除了生命的另一种推动力——精神外,别无他法。这是没有受到束缚的"上帝之子",而不是肉体的衍生物。

恩斯特·巴拉赫(Ernst Barlach)所写的《死亡之日》(*Der Tote Tag*)是一部关于家庭生活的悲剧小说。母鬼在结尾说:"人们并不了解,他们的父亲实际上就是上帝,这真的好生奇怪。"这个真相弗洛伊德永远无法洞悉,也是那些持有相同观点的人不愿意深究的事实。他们至少缺少开启这一真理的钥匙。对于那些只寻找答案的人来说,神学是无济于事的,因为神学强调的是内心的真诚,而真诚是无法人为创造的,它纯属上天的恩赐。我们现代人面临的挑战是重新发现精神生活,这一过程我们需要亲身经历。这是唯一能打破恶性生物循环的办法。

我与弗洛伊德观念第三个差异便在于此。鉴于此,便有人给我扣上神秘主义者的帽子。当然,这一事实并不是我的责任。无论何时何地,人类都可以自然地表现出任何宗教形式,从远古时代起,人类的心理就开始存在宗教情感和宗教观念。凡是没有意识到人类心理这一层面的人,都可以称得上盲目;而凡是企图否认或掩盖人类这一心理层面的人,都可谓缺乏现实感。从弗洛伊德学派所有成员以及他本人身上表现出来的恋父情结中，可以找到令人信服的证据，用来证明他们从不可抗拒的家庭环境中解脱出来吗？这种以顽固和过度敏感的方式狂热捍卫的恋父情结是被误解的宗教外衣，它是一种用生物学和家庭关系来表达的神秘主义。至于弗洛伊德的"超我"思想，不过是披着心理学理论的外衣，想要窃取久负盛名的耶和华形象罢了。如果一个人做了这样的事，他还是坦然说出来比较好。于个人而言，我还是喜欢用大众熟知的名称来称呼事物。历史的车轮绝不会倒退，人类向精神生活迈进的步伐绝不应被否定，这种步伐始于原始的入会仪式。科学可以划分自己的研究领域，提出有限的假设，因为科学必须以这种方式工作。但人类的精神世界不能被分割开来。心理是一个包含意识的整体，是意识之母。科学思维只是其功能之一，它永远无法穷尽生命的所有可能性。心理治疗师绝不能让自己被病理学的有色眼镜所迷惑，应记住，病态心理也是人类的心理，无论它有什么病痛，它都与人类的整个精神生活息息相关。心理治疗师甚至必须承认，自我之所以生病，是因为它脱离了整体，失去了与人类和精神的联系。正如弗洛伊德在《自我与本我》（The Ego and the Id）一书中所说的，自我的确是"恐惧之地"，但前提是它无法回到"父亲"和"母亲"[①]身边。在谈论尼哥底母（Nicodemus）问题上遇到了难题：一个人是否可以再次进入母亲的子宫获得重生。以小见大，我们可以说历史在这里重

[①] "父亲"和"母亲"即"精神"与"自然"。

演了，因为这个问题今天在现代心理学争吵中又一次被摆到了台面上。

几千年来，入会仪式一直向我们灌输的是精神上的再生。令人奇怪的是，神圣生殖的意义却屡次被人们遗忘。这显然不能被视为健康精神生活的证明，但是在今天，对此的误解似乎日益加深，人们将其视为一种类似神经质的堕落、一种痛苦的加剧，以及一种思想的枯竭。将精神排斥在外并不是难事，但如果我们这样做，人生将变得索然无味。幸运的是，我们可以证明，精神的力量一直常在，因为古老的入会仪式及其教义代代相传。人类将再次挺身而出，并重新认识到上帝即我们的父亲这一事实。人类也将不会失去身体和精神的平衡。

弗洛伊德和我之间最主要的差异就在于基本假设。假设是不可避免的，因此我们不应故意谎称没有任何假设。这就是为什么我认为有必要探讨基本问题的原因。大家可以从这些问题出发，更好地认识弗洛伊德和我之间的许多差异。

第七章
原始人

"archaic"一词有原始、最初之义。因为对现在的文明人做出些重要的评价既费力又徒劳无益,所以我们还是讨论原始人吧,在这方面我们经验十足。在尝试讨论现代人时,我们一开始虽尽力让观念维持在高标准,但事实是我们心中不可避免地会有同样的预设,也会被一些同样的偏见所蒙蔽。然而,对于原始人,时间上我们已与他们所处的世界相去甚远,因此我们的心智会比他们成熟许多。正因如此,我们才有机会占据优势地位,去俯瞰他们所处的世界,以及纵览世界对他们的意义。

以上这段话可以被视为本章将要讨论的主题所设定的范围。尽管涉及了古代人的心理生活,但在有限的篇幅内,我无法将其清晰地叙述出来。我会采取概括论述的方式,不打算将人类学中关于原始种族的新发现纳入讨论范畴。一般情况下，在谈论某种人时，不需要了解解剖结构，如他们的头颅形状或肤色，只需要关注他们的心理世界、意识状态以及生活方式。这些主题都包含在心理学范畴内，我们这里主要讨论原始人或古代人的心理。尽管存在这样的界限，但实际上我们已经拓宽了主题，因为古代人的心理运作方式并非仅限于原始人。现代文明人同样具有这些方式，而且这些特性在现代社会生活中的出现并非仅仅是一种"返祖现象"。相反，每个文明人无论其意识的进展程度如何，古代人的特性仍然存在于他内心深处。就像人体和哺乳动物之间存在相关性，以及很多早期进化阶段所留存下来的残余特征一样，人类心理同样是进化的产物，如果我们追溯其源头，会发现它仍然体现出许多古代特征。

当我们初次接触原始部落或阅读有关原始人心理的文章时，往往会对古代人的离奇特色留下深刻印象。在研究原始社会学方面，列维－布留尔（Lèvy-Bruhl）是一位权威，但他多次提醒我们注意，原始人的"前逻辑"（pre-logic）心理状态与我们的意识观存在显著区别。作为文明人，他发现难以理解的是原始人为何忽略经验教训，为何不考虑事物间的因果关系，为何将一些属于意外或自然发生的事件定性为"集体表象"。列维－布留尔所谓的"集体表象"，指的是那些广为接受、不言自明的真理，如有关精灵、巫术以及草药效力等方面的原始观念。老年或重病去世对我们而言是自然而易理解的，对原始人却并非如此。他们并不认为老人之死是年龄原因，而认为很多人年纪比自己更大。他们同样认为世界上没有因疾病而死亡的人，因为许多人都患有相同的病而康复，也有人从未患过这种病。在他们看来，精灵或巫术是导致这些现象的原因。很多原始民族认为，最自然的死亡只发生在战争中。然而，也有人认为在战争中死去是不正常的，因为在他们看来，是巫师或贴有符咒的武器导致了这种死亡。这些奇异的思想有时让人感到难以理解。例如，一个欧洲人射死了一只鳄鱼，当地人在其腹中发现了两个脚镯，认出它们属于两位妇女。这引发了关于巫术的猜测。在欧洲人看来，这种自然事件并不引起疑惑，但当地人解释时运用了列维－布留尔所谓的"集体表象"的推测法。当地人表示，事发前，一位不知名的巫师召唤了鳄鱼，并吩咐它把那两位妇女带过来，而鳄鱼竟然乖乖听话。然而，人们又怎么解释从鳄鱼的肚子里拿出的脚镯呢？当地人解释说，鳄鱼从不吃人，除非受到命令，脚镯是鳄鱼为巫师服务获得的酬劳。

这个故事以其奇异的解释事物的方式展示了"前逻辑"的心理状态，因此可以说是最佳的范例。这种解释方式显然是非常不合乎逻辑的，这也是我们将其称为"前逻辑"的原因。我们之所以感到惊讶，是因为我们的假设和原始人的假设截然不同。如果我们像他们一样相信存在巫师和神秘力量，怀疑所谓的自然因果，那么我们会认为他们的推理方式理所当然。然而，事实并非如此，原始人并不比我们更合乎逻辑或者更不合乎逻辑。他们和我们的区别在于起点的假设不同，即他们的思想和行为出发点不同。他们把所有困扰人心、令人恐惧的事物的原因归咎于所谓的超自然。在他们看来，这些事物并非属于超自然，而恰恰相反，属于他们的经验世界。我们说某个房子被闪电烧毁是因为自然原因，而原始人说是因为巫师利用了闪电引火，这同样是一种自然的解释方法。在他们的经验中，甚至异常的事物也可以用类似的理由来解释。在某种程度上，他们的解释方式特别类似我们，即从不批判自己的推测。他们认为生病或遭遇不幸都是由精灵或巫术引起的，对他们而言，这是不可置疑的真理；同样，我们认为生病必然有自身原因，但不会将其归咎于巫术。他们的心理活动与我们相比，并没有太大的差异，不同之处仅在于假设的不同。

我们普遍认为，原始人与我们在感知方面存在差异，他们也有不同的道德观念，这是我们与"前逻辑"状态的区别之一。毫无疑问，他们的道德准则与我们的确存在差异。当问及一位非洲部落首领如何区分善恶时，他回答："我偷取敌人的妻子是善的，但如果他偷取我的妻子就是恶的。"许多地区认为踩踏他人影子是一种侮辱，如果用钢刀而非燧石刀剥海豹皮，在有的地方将被认为是无法原谅的罪行。然而，事实上，难道我们不认为用钢刀吃鱼、在室内不脱帽，或者咬着雪茄迎接女士是错误的行为吗？我们和原始人都意识到，这些行为与伦理道德无关。许多人以忠诚的精神追捕敌人首领，还有一些人以虔诚而无愧的态度进行残忍的仪式，或者出于宗教信仰进行谋杀。实际上，我们对伦理道德的评价与原始人几乎无异。他们的善恶观念与我们相似，差异仅在于善恶表现形式不同，但伦理评价过程是相同的。

还有人认为，与我们相比，原始人的感觉器官更为敏锐，或在某些方面存在差异。然而，原始人的视听觉得到了高度训练，这完全是因为他们的生活需求。如果他们的感官面临完全陌生的情境，就会显得迟钝和笨拙。我曾向一些具有敏锐视力的原始猎人展示过一本杂志，上面有人物画像，即使是小孩也能轻松识别。他们长时间凝视画面，其中一人用手指勾勒人物轮廓，大声说："这都是白人！"其他人也跟着兴奋，仿佛发现了一项重大发现。

许多原始人具备的方向感实际上是通过实践锻炼出来的结果，尤其是在他们身处树林或沼泽地时，这种感觉格外重要。即便是一个欧洲人在非洲居住一段时间后，也常常会发现自己对之前从未关注过的事物产生了兴趣，进入茂密森林时，即使没有带罗盘，也无须担心会迷路。

我们根本找不到证据证明原始人的思维、情感或领悟方式与我们有何根本不同。不同之处仅在于基本的假设，他们的心理功能与我们是一样的。他们的意识范围可能较狭窄，集中注意力的能力相对较低或完全没有，但相对而言这并不那么重要。关于集中注意力这一点，欧洲人感到特别惊讶。通常来说，他们无法持续进行两个小时以上的对话，因为他们总会说自己已经累了。他们总说与人交流太过困难，虽然我仅仅问了一些相当容易的问题。然而，在外出狩猎或旅行时，他们展现出了令人惊异的集中力和耐力。例如，有邮差能够一口气跑 75 mi（约 120.7 km）。此外，我还曾经见过一个怀胎半年的妇女在 95 ℉（35 ℃）的高温下跳了一整晚的舞蹈，却并不感到疲惫。显然，对自己感兴趣的事情，原始人特别擅长集中注意力。同样，如果让我们去做自己没有兴趣的事情，我们的注意力也会相当薄弱。我们和他们其实是一样的，情感是我们的决定因素。

与我们相比，原始人在判断善恶时的思维确实更为简单、幼稚。这并不足为奇。一旦我们与原始社会接触，心中却涌现出某种陌生的感觉。凭借我个人的分析研究成果，这种感觉主要源于原始人的基本假设与我们存在的差异，可以说，他们生活的世界与我们是不同的。在我们搞清楚他们的假设之前，他们仍然是一个难以解开的谜题。一旦我们了解清楚，所有的问题就会变得容易许多。甚至可以说，只要我们明白自己的假设，原始人就不再是一个谜题。

根据我们的理性假设，所有事物都服从其自然规律，并且都有可察觉的原因，这一点我们深信不疑。这种因果关系是我们最崇高的信念之一。在我们的世界中，除当今物理学家通过对原子微观世界的研究发现了一些奇异现象外，其他事物的因果关系都是我们坚定相信的。然而，对于那些无形、独断的概念，我们仍然持续怀疑，因为不久前，我们才刚刚摆脱了一个充满梦幻和迷信的世界，这被认为是人类最为杰出的成就之一。目前，我们生活的世界仍然是要遵守理性法则的。当然，虽然我们仍然无法完全洞察所有事物的因果关系，但这只是时间问题。随着推理能力的提升，我们最终将能够完全理解。这是我们的期望，将我们的假设视为理所当然的。尽管偶然事件时有发生，但这些事件终究是不常见的，而且我们相信它们自身必然存在某种因果关系。喜欢秩序的人会讨厌偶然事件，因为它们往往导致一些预期之外的异常，让人感到十分恼火。无形力量和偶然事件都会让我们感到厌恶，因为它们总是让人感觉好像有某种神秘或外在力量的干预。若安拉许可的话，这句话将出现在他们的每一封信上，仿佛只有这样做，信件才能够成功送达。尽管我们不愿遭遇偶然事件，尽管很多事情都按照常理进行，但必须承认我们始终被偶然事件支配。这个世界上还有什么比偶然事件更不容易察觉、更为专断的吗？还有什么比那些不可避免、令人讨厌的事件更加难以忍受的呢？

关于这个问题，如果我们进行认真的研究，就会发现所有按照常理发生的事件，因果关系只能解释其中的一半，而偶然事件的因素完全影响了另一半。偶然事件虽然仍然遵循它们自己的自然因果关系，但我们常常悲观地发现这些关系并不少见。我们之所以感到烦恼，是因为这些事件经常发生在我们身边，并不是因为我们对偶然事件的原因一无所知。这就是困扰我们的地方。即便是一个理性主义者，也会感情用事地控诉偶然事件。不管我们如何解释它，我们仍然难以避免受到其影响。一个人的生活受到规律的制约越多，他对偶然事件的抵制就会越强烈。然而，实际上我们不应该与其对抗。不管怎样，每个人都明白意外时刻在发生，甚至我们对它们有所依赖，尽管正式的信仰不鼓励这种依赖。

因此，更深层次的假设应该是，任何事情都有其自然法则或可以察觉的因果关系。相反，原始人假设任何事情都是由某种无形的独断力量促成的，换句话说，任何事情都是意外的。他们称之为"意图"，而不是"偶然"。在他们看来，自然因果关系微不足道，仅仅是表面现象。例如，如果三个妇女去河边打水，被鳄鱼拖入水中，我们觉得可能是巧合。在我们看来，她们被鳄鱼抓走是非常自然的，因为鳄鱼确实经常捕食人类。但原始人认为这种解释完全背离了事实真相，无法全面解释这一事件。他们觉得我们的观点是浅薄可笑的，事实上，这种说法也有其道理，因为如果这一意外事件没有发生，同样的解释也适用。由于固有的偏见，欧洲人无法理解自己的解释有多么贫乏。

原始人寻求一种不同的解释方式。在他们看来，我们所谓的偶然是一种绝对的力量。因此，我们可以说，鳄鱼的意图就像每个人都亲眼看见的那样，它选择抓住站在最中间的那个妇女。如果没有这个意图，它可能会选择抓住另一个妇女。但是，它为什么有这个意图呢？通常情况下，这种动物很少捕食人类。这个说法就如同撒哈拉沙漠不会下雨一样准确。鳄鱼确实是一种胆小且容易受到惊吓的动物。从它袭击人的次数来看，可谓寥寥可数，而吞食一个人更是令人难以置信，而且少见。对于这一情况，我们有必要进行特殊的解释。鳄鱼是不可能主动攻击致命的。那么，到底是谁驱使它这样行事呢？

一般而言，原始人基于对周围世界的观察得出结论。当发生意外事件时，他们会感到极为惊讶，并立即查找其特殊原因。在这一点上，他们的做法与我们非常相似，但他们更进一步。对于意外事件的绝对力量理论，他们不止一种解释。我们可能会认为那只是巧合，而他们会认为那绝对是一种预谋。在因果关系的连续过程中，他们特别强调那些混乱和超越常规的部分，即偶然事件，这些事件无法用科学因果关系解释。长期以来，他们习惯于自然按常理运行，害怕那些无法预测且由某种绝对力量引起的偶然事件。这种观念是正确的。我们必须理解为何所有不寻常的事情都应该让他们感到惊慌。我曾经长时间居住在埃尔贡山区，那里有很多穿山甲。穿山甲是夜行动物，很少见且胆小。如果有人在白天看见它，当地人就会觉得异常，就像我们看到一条小河从低处流向高处一样令人惊讶。然而，如果我们能够早些了解到这是因为水突然超越了地心引力，就能降低对这一事件的惊慌程度。我们都清楚，当我们被大水包围，而引力已经无法控制水流时，可能会导致可怕的后果。这正是原始人对外部世界的期望。他们对穿山甲非常熟悉，因此任何破坏其世界法则的事件都会引起他们极大的担忧。类似上述的意外事件被视为一种预兆和凶兆。他们认为，在白天看到穿山甲肯定违背了自然法则，背后必然存在某种无形力量。对自然法则造成破坏的这种骇人现象，自然需要采取特殊的处理和自卫手段。原始人会召集附近的村民，不顾一切地将穿山甲挖出来，然后将其杀掉。如果看见穿山甲的是一位男子，那么他最年长的舅舅有必要去杀一头牛来祭祀神灵。这位男子就应进入兽穴中吃下第一口肉，然后他的舅舅和其他围观的人也要跟着吃。只有通过这种方式，才能消除大自然令人生畏的恶作剧。

如果我们毫无缘由地看到河流从低处流向高处，无疑会感到非常惊讶。然而，我们如果在白天看到了穿山甲，或见证了一个白化病患者的诞生，目睹了日食或月食，就不会感到奇怪。关于这类事物的意义和发生原理，我们有一定的了解，但原始人不甚了解。他们一直生活在遵循一般事物规律的世界中。因此，他们格外保守，对其他人的行为采取与自己族人相似的方式。只要突然发生违背常理的事情，他们就会感到有序的世界正在被破坏。紧接着，任何事情都可能发生，而无人知晓将会发生什么。他们会将一切特殊的事情一概而论，并认为其中必然存在某种联系。例如，一个牧师在自家门前竖立了旗杆，方便在星期天升英国国旗。这一行为虽然没什么问题，却令人不快。不久之后，一场灾难性暴风来袭，人们就会认为这都是旗杆招惹的祸端。因此，这一事件成为反对牧师的缘由。原始人认为，只有生活在有日常事物的世界中才会感到安全。对于他们而言，任何超越常规的事情似乎都蕴含某种威胁，不仅破坏了事物的常理，还是一种坏事将要降临的凶兆。

我们早已将原始人对世界的观点完全遗忘，这种情况难免令人觉得十分可笑。比如，一只刚刚出生的小牛拥有两个头和五条腿；临近村庄的一只公鸡下了蛋；一个老婆婆做了一个梦，梦中天空出现一颗彗星，接着附近城市爆发大火，第二年爆发战争。从古至今，类似这样的记录在18世纪之前都屡见不鲜。于我们而言，这些并列的事实根本毫无意义，但对原始人而言，它们极为重要且令人信服。这是一个让我们难以理解的观念，却具有深刻的道理。他们的观察十分可靠，通过几十年的经验，他们得知事物的发展就是这样的。那些我们认为只是一系列没有任何意义和完全偶然的巧合所构成的现象，是因为我们仅仅关注单个事物本身及其原因。原始人则认为它们符合逻辑，是一种前后完全一致的由某种超自然力量导致的令人惊奇的现象。

拥有两个头颅的小牛与战争之间的关联在于，小牛的降生预示了战争的降临。原始人觉得这种关联是可以信任、毫无疑问的，因为在他们的世界里，意外事件比按常理发生的事情更为重要。我们应该感激他们早就提醒我们要留意：不寻常的事情往往是成组出现的。从事临床试验的医师经常会遇到病例复现原则。维尔茨堡大学的一位精神病学教授在谈到一个十分罕见的病例时，经常会说："先生们，这个病例非常独特，但我相信我们将来会遇到类似的。"在过去的八九年里，我在一家精神病院工作时，也曾说过类似的话。曾经有一个病人患上了意识模糊病——一种非常罕见的病。两天后，我又遇到了一个相似的病例，但那已经是最后一次了。对于医生来说，"病例复现"是诊断中经常出现的现象，也是古今医学的一个事实。最近有一位研究者提出了一个论断："幻术乃是丛林的科学。"很明显，星相学和其他各种占卜法可谓是古代的科学。

每天常发生的事情之所以不难察觉，是因为我们在心理上有所准备。只有当我们需要探究事情发生的原因时，才会运用知识和技巧。一般来说，部落中最聪明的人负责观察和判断事物，应当具备解释所有不正常事物的知识，以及清楚探究它们的方法。在意外巧合方面，他是学者和专家，也是传统学问的保有者。在畏惧和佩服气氛的包围下，他拥有至高的威严。然而，一般来说，最有效的药往往难以找到，反而越远越好。我曾在一个部落待了很长时间，他们敬仰一位老巫医，却只偶尔请他治疗一些小病。遇到危急的病情，他们会另请名医，花费巨款聘请远在乌干达的巫师前来，这与我们的情况极为相似。

偶然事件发生的频率是不确定的。一个古老而经得起考验的天气预测法则是，如果大雨连续不断地下了好几天，那么明天肯定会下雨。俗话说："祸不单行。""不雨则已，一雨满盆。"这些谚语可以看作最原始的科学。一般人相信并对这些谚语怀有敬畏之情，而受过教育的人可能会一直嘲笑它们，直到他们自己亲身经历了一些不寻常的事件。请允许我用一个令人难以置信的案例来说明。某天早晨，一位妇女被桌上传来的叮当声惊醒。她环顾四周，发现原来是一只大玻璃杯碎裂了，裂缝宽度刚好四分之一英寸。她惊讶后，紧急按铃，要了一只新的杯子。大约五分钟后，她再次听到相同的叮当声，玻璃杯再度碎裂。这时她更加慌张，于是又要了第三只杯子。过了二十分钟，杯子再次碎裂。这连续三次的相同意外事件对她产生了深远的影响。她当时放弃了对自然因果律的信仰，开始认为某种绝对力量在幕后捣鬼。许多现代人也曾经遇到过类似的情况，只要他们不过于固执，特别是在遇到无法用自然因果律解释的巧合事件时。总体而言，我们常常试图否认这类事件，因为它们让人感到讨厌，原因在于这个井然有序的世界经常会因为它们而变得混乱不堪，令人烦躁不已。这些事件对我们的影响显示，原始心理至今依然存在。

原始人对绝对力的信仰是建立在基础之上的，而非空想。我们所谓的迷信可以从这些集中在一起的偶然事件中找到证据。在某些时间和地点，不寻常的事件有时可能出现巧合。需要牢记的是，我们的经验并不总是可以借鉴的。我们未能进行充分观察，因此有时忽略了一些情况，导致判断不准确。比如，在情绪极差的时候，以下这些事情绝对能坦然接受：早晨，你的屋里飞进一只小鸟，随后你在街上目睹了一场车祸；下午，你的一个亲戚去世；晚上，厨师打翻了汤碗；深夜你又发现自己丢了钥匙。原始人对每一个出现的事情都不会忽视，因为他认为每一件事情的发生都巧合地与他的预期相符。他是正确的，他比我们认为得更加理智。他的期望得到了证实，他也实现了目标。他指出，这是个糟糕的日子，他在这一天不能做任何事情。在今天，我们在面对相同情况时，肯定会将其谴责为迷信，但原始人将其视为理所当然。在原始社会，人们更容易受到意外巧合的干扰，而我们今天的生活更加有计划和规律。在荒野中，人们不敢尝试过多的冒险。这对欧洲人来说很容易理解。

一个普韦布洛人当感觉不对劲时，就不会再去参加集会。古罗马人在离家时，如果在门槛上摔了一跤，就会立刻取消当天的计划。在我们看来，这些都是毫无意义的，但在原始人所处的环境中，这些预兆难免引起他们的警觉。当我不能很好地控制自己时，仿佛有某种力量支配着我的身体行动；我的注意力无法集中，有些事使我心神不宁；我可能因为碰到东西而摔倒，忘记或丢失物品。在文明社会中，这些都只是微不足道的小事；在原始森林里，这些则是极为致命的危机。一座小桥非常湿滑，下面有很多鳄鱼，假如在这座小桥上失足，就是一件非常危险的事情。假如我在荒野中弄丢了罗盘，或者忘记给步枪装子弹，却又在丛林中遇到了犀牛。思考事情的时候，很有可能会踩到一条有毒的蛇。晚上没有及时穿上防蚊靴，过了十一天，就有可能因为"赤道疟疾"而死亡。洗澡时，忘记合上嘴巴，就可能感染致命的痢疾。对于我们来说，注意力不集中确实容易导致这类事件。但在原始人看来，这些意外巧合是由外部物体或巫术的影响导致的。

然而，这或许并非仅仅是一桩无关痛痒的小事。卡布拉斯森林位于埃尔贡山区南部的基多希地区，我曾亲自前往该地旅行。那片森林荒无人烟、杂草丛生，我差点就踩到了一条毒蛇，幸好及时躲开。同一天的下午，我的伙伴从狩猎中归来，脸色苍白，四肢颤抖。原来在白蚁山上，一条长约2米的南美眼镜蛇突然袭击他，几乎将他咬死。如果他没有在最后一刻用枪将它击毙，肯定会因此丧命。同一天晚上九点，一群狗袭击了我们的帐篷，前一天晚上这些狗已经咬伤一位睡梦中的伙伴。即便篝火闪烁，这些狗还是冲进了厨师的屋子，迫使他大声呼叫翻越围栏。从那时起，我们整个旅行就平安无事了。这一系列的意外事件足以为与我们同行的黑人提供谈资。我们觉得这只是一些接连发生的意外事件，但他们坚持认为这是旅行第一天我们进入荒山时的预兆，导致了这些不幸的发生。那一天，我们试图穿越一条河流，结果人和车都掉了进去。当场，几个领路的孩子相互之间传递眼色，仿佛在说："哈！这可真算是个好兆头！"出乎意料的是，我们遭遇了一场赤道的暴风雨，每个人都被浇得像落汤鸡，我因此发烧，接连休息了好多天才康复。在同伴险些丧命的那天晚上，我们几位白人坐在一起，相互瞪大眼睛时，我情不自禁地对他说："我觉得，这些不幸似乎在很早之前就有了预兆。在苏黎世准备出发之前，你曾经向我讲过一个梦，你还记得吗？"那个梦让人耿耿于怀。梦中，他身处非洲，正在狩猎，突然一条巨大的眼镜蛇袭击了他，惊醒时他充满恐惧。他因这个梦而感到极度不安。于是，他坦白地告诉我，这个梦是个凶兆，他预感在我们之间将有人死亡。当然，他曾猜测死去的可能是我，这完全是因为我们总是期望"死的是别人"。然而，结果是，他在一场严重的疟疾热病中离世。

对于那些居住在没有毒蛇和疟蚊地区的人来说，告诉他们这个故事毫无意义。他们可能会费心地想象，在赤道附近的一个晚上，天空湛蓝，巨大的树木屹立在周围，夜幕降临时，奇异的声音从四面八方传来，火苗独自燃烧，旁边架着步枪，帐篷搭建，从沼泽中提取的水已烧沸，一个年老的非洲人在谈论："这不是人类居住的地方，这是上帝的天堂。"在那里，统治者不是人类；大自然才是那片土地的主宰，那是属于飞禽走兽、植物以及微生物的国度。只有身临其境，被这种氛围所包围，人们才会理解那些在其他环境下可能被看作滑稽的事情为何在这里成为重要事情。原始人每天都要直面这个充满无穷恶作剧力量的世界，他并不会轻视那些异常的事件。他得出了结论："这个地方的风水不佳。""今天不太吉利。"他说这些话是为了避免何种灾难，谁又猜得透呢？

"丛林的科学即是幻术。"也许一种征兆能迅速改变事态发展，导致你放弃原有计划或改变初衷。原始人相信偶然巧合可能会连续发生，却对所谓的心理因果一无所知，这就是这些现象发生的原因。今天我们很幸运，因为只专注自然因果，我们知晓了如何区分主观心理和客观自然。对于原始人来说，无论主体还是客体，都存在于外在世界。当他遭遇特殊情况时，是事物本身令人畏惧，而不是他感到害怕。当他面临特殊事件时，是事物本身引发恐惧，而非他恐惧。这种超自然的力量（mana）拥有一种神秘的魔力。我们可能将其视为想象力或联想，但在原始人眼中，这是一种来自外部的无形力量对他产生影响。他所属的国家既不是地理概念，也不是政治实体，而只是一个充满神话、信仰、思考和感受的领域，然而他对这些事物的效力一无所知。他的思维中充满了对许多地方"不吉利"的恐惧。一个死者的灵魂寄居在某个地方或某棵树上；那个洞里居住着一种恶魔，所有靠近的人都将被咬死；一条巨蟒生活在山的另一侧；以前的国王墓地就在那个小山坡上；任何接近那块石头或那棵树的女性都会怀孕；一条蛇守护着那个浅水滩；那棵高大的古树能发出尖叫声。他对心理学一无所知。他认为心理活动的发生和运作方式都是客观的、外在的。他相信梦中的一切都是真实的，因此他的关注点自然而然地放在了梦境上。帮助我们搬运东西的埃尔贡人声称他们从不做梦，只有巫师才会做梦。于是，我向巫师请教，他告诉我自从英国入侵后，他再也没有做过梦。他提到他的父亲曾做了一个"重要"的梦，梦中包括牛群的行踪、母牛生小牛的地点，以及战争或瘟疫的爆发时间。然而，只有当地的首领和指挥官才了解当下的情况，而普通人一无所知。他和一些巴布亚人一样，相信命运，后者认为大多数鳄鱼已效忠大不列颠政府。一位当地逃犯曾跨过一条河流，被一只鳄鱼咬伤，他们认为那只鳄鱼是一名警察。他告诉我，因为英国人现在掌握着大权，上帝再也不会给埃尔贡人的巫医送梦了，只会出现在英国人的梦中。梦境已经迁移到了其他地方。同样，当地人的灵魂也常常漂泊到其他地方，此时，巫医就像捕捉鸟一样将其抓回来，然后关在鸟笼里。有时，也会有陌生的魂灵闯入他们的村庄，随之而来的是疫病。

由于这种心理现象的投射，人与人之间，人与动物、事物之间，形成了一种我们难以想象的联系。有一位白人射杀了一只鳄鱼，消息传开后，附近的村庄立刻涌来大批村民要求他赔罪。他们声称，那只鳄鱼实际上是他们村里的一位老太太，在他开枪的那一刻，老太太刚好去世了。另有一人杀死了一只豹子，原因是他养的一头牛即将被豹子吃掉，巧合的是附近的另一村庄有一名妇女在同一时刻去世，于是她和那只豹子就成了同一物体。

列维－布留尔曾经创造了"神秘参与"（participation mystique）这个术语，用于描述上述联系。关于"mystique"这个词，我反而觉得并不太贴切。原始人将这些事情视为非常自然的现象，并不认为它们十分神秘。事实上，我们认为它们奇异，只因我们对这种心理现象①知之甚少。实际上，我们也经历过类似的心理现象，只不过我们以更文明的方式表达。在日常生活中，我们经常认为别人的心理活动和我们的一样。我们假设我们认为好的事物，别人肯定也认为好；我们认为不好的事物，别人肯定也会认为不好。直到最近，法庭才开始采用更符合心理学原理的观点，承认相对性犯罪的存在。对于"朱庇特可以做的，公牛不可以做"（Quod licet Jovi, non licet bovi）这句话，一些不了解情况的人一直感到非常愤怒。人类最伟大的成就之一是法律上的人人平等，这是不容废除的。我们大多数人有"严以待人，宽以待己"的倾向，因此常常喜欢指责和批评他人。这种现象实际上就是一种低级的心灵从一个人传递到另一个人的过程。禽兽和替罪羊在当今社会中仍然存在，这与以前到处都是女巫和狼人的情景是相似的。

心理投射是心理学领域中的普遍现象之一。与列维－布

---

① 这里的心理现象指的是解离（dissociation）和投射（projection）。

留尔提出的原始人的"神秘参与"相比，它们是相通的。唯一的不同是我们为这一现象起了一个不同的名字，而且我们常常不愿意承认自己对此负有责任。我们潜意识中存在的各种恶习常常在他人身上观察到，我们会将这些恶习视为我们自身缺陷的映射者。我们已经不再使用毒药来伤害别人，也不再诉诸杀人放火或欺骗的行径；相反，我们倾向通过道德规范对他人进行制裁，使其陷入图圈。然而，我们试图对他人强加的行为往往实际上反映了我们自身的缺陷。

道理很容易理解，原始人更容易进行投射，这是因为他们的心理状态相对单一，而且缺乏自我批判能力。在他们看来，世界中所有存在都是客观的，这一观点在他们的语言中表现得十分明显。比如，对豹女的形象，我们可以通过一种幽默的方式进行想象。他们经常会用动物来形容人，如将一个人比作鹅、牛、母鸡、蛇、公牛或骡子，我们对这类不雅的称谓都很熟悉。然而，当原始人将"丛林灵魂"这个词语用于某个人时，其中包含的道德判断就变得非常明显了。

在原始人看来，这种现象是司空见惯的。他们对事物的感知非常强烈，不会像我们一样轻而易举地接受。美国西南部山地的印第安人毫不犹豫地认定我是一头图腾熊，换句话说，他们认为我就是一只熊，因为我下梯子的方式与他人不同，我是面向后的，就像一只熊一样，用手爬下来。如果一个欧洲人说我很像熊，他的言辞中可能没有太多其他意义，最多只是在含义上略有细微区别。在原始社会中，我们可能会遇到一些关于"动物灵魂"的主题，这在现代社会中只能被视为一种打比方。对于这些意象，如果我们解释得太具体，就等于回到了原始人的观念中。比如，"处理病人"是我们在医学上经常使用的表述，更明确地说，这句话的意思是用手触摸病人的身体，用手来治疗他的病症。这正是巫医用手来拯救病人的方法。

由于我们对这种具体看待事物的方法理解不足，因此很难领会"丛林灵魂"的确切含义。当一个具体的灵魂从人体内部移动到外部，并寄居在野兽身上时，这种情况究竟是怎样的，我们根本无法想象。当我们将某个人描绘成一头骡子时，并不意味着他在所有方面都与四蹄的骡子相似。我们只是表示在某些方面存在一些相似之处。我们只是将其个性或心理的一部分抽象出来，然后通过具体化，最终形成了一头骡子的形象。然而，在原始人看来，所谓的豹妇是真实存在的，她的灵魂正是一头豹子。由于原始人认为所有无意识的心理活动都是具体而客观的，他们对于一个被描述成一头豹子的人确实拥有豹子灵魂的说法并不怀疑。进一步来看，他们甚至可能表示，这样的灵魂正以豹子的形态栖息在森林之中。

这种认同现象是通过心理活动引发的，它构建了一个世界，使人在心理和形体上都融入其中，与世界融为一体。在这个融合中，人并非世界的主宰，而是其一部分。以非洲的原始人为例，他们尚未达到人力胜天的境界，从未妄想过自己是创世主。在对动物进行分类时，他们没有将人类列为最高等级，而是将大象、狮子、鬼怪或鳄鱼排在更高位，而人类与一些较低等级的动物被并列在一起。对于自然，他们从未幻想过要控制或征服它；这种试图统治自然、拼命探索自然规律的愿望是后来的文明人的思想。因此，文明人对绝对力特别厌恶，竭尽一切努力不承认其存在，担心这些绝对力的存在会对他们试图操控自然的企图构成威胁。

总的来说，原始人的一个显著特征是他们更加重视意外巧合的不确定性，相对于确定的自然因果关系。意外巧合包含两个方面的元素：首先，在大多数情况下，它们持续不断地发生；其次，它们是通过无意识心理内容的投射产生的，即所谓的"神秘参与"，因此具有独特的意义。然而，原始人本身并未持有这种观念，因为他们的心理投射工作已经非常成功，使其与外部事物融为一体。在他们看来，意外事件是绝对且预谋的行为，或是某种生命形态的干涉现象，因为他们未察觉到不寻常事件可能产生的影响。这是因为他们已经为这些事件赋予了恐惧或慌张的外衣，实际上并未真正察觉到这一点。在讨论这个问题时，我们确实应该小心谨慎。关于美好的事物，我们是否认为它美好是因为我们感受到了它的美好？关于太阳是宇宙的光源，还是因为人的眼睛与太阳之间存在某种关系的问题，自古以来就有无数伟大的思想家进行深入研究。原始人认为是前者，文明人则认为是后者。截至目前，文明人通过全面深入地思考，试图尽可能摆脱诗人的想象力，以便更客观地了解世界。为了达到这个目的，文明人彻底排除了原始人的投射方法。

在原始社会中，一切事物均具有精神特质。世间万物都被人类精神所影响，甚至可以说都带有人类集体无意识的心理因素，因为当时个体精神生活并不存在。因此，我们不应低估基督教受洗在人类精神发展中的关键作用。通过受洗，人类被赋予独立的灵魂。我并不是说受洗本身具有魔法力量，只要进行一次就能立刻见效。我是指通过受洗的概念，人类能够超越世界的认知，使自己超越世俗。这就是受洗的深刻意义，因为它象征着人类精神超越自然世界。

在研究无意识过程时存在一个真理，即只要给予机会，每一种独立存在的心理内容都有可能被赋予拟人化的特征。精神残疾者的幻觉和所谓的神降现象是最典型的例子。只要自主的心理元素能够被投射出来，无形中就能在任何时刻形成一个拟人化的形象。这解释了招魂降神仪式中出现鬼魂和原始人所观察到的幽灵的本质。如果某个重要的心理内容被投射到一个人身上，这个人就会超越寻常，也就是说，他已经具备了开创超自然能力的潜力。因此，他或她可能成为巫师或狼人。原始人认为，在迷失的灵魂方面，巫医在夜晚通过捕鸟的方法将其引回笼中是最好的例子。心理投射赋予了巫医超自然的力量。通过投射，动物、树木和石头都可以与人类进行对话，因为它们本身就是心理活动，能够促使人们顺从。这也解释了为什么一个可怜的精神残疾者常常被渴望说话的愿望所支配。一个人自身心理活动的代表就是投射物。由于困惑和无知，他不知道是自己在说话，而误以为自己只是一个能听、会看、顺从他人的存在。

从心理学的角度看，原始人认为关于意外巧合的绝对力表现为幽灵和巫师的意志，这种看法在他们眼中是非常自然的，因为根据他们所了解的事实，这是一种极为确定的结果。然而，在这个问题上，我们不应该混淆。如果我们向聪明的原始人介绍科学的概念，他们可能会觉得我们陷入了可笑的迷信，而且逻辑上欠缺训练。在他们看来，光明是由太阳带来的，而不是由人类的眼睛创造的。我曾经认识一个美国西南部山区的印第安人，他是当地的酋长。有一次，他以非常严厉的口吻责备我，当时我谈到了奥古斯丁的教义：太阳并非神，而是由神创造的（Non est hic sol Dominus noster, sed qui illum fecit）。他指着太阳，愤怒地说："太阳就是我们的父亲，你可以清楚地看到。所有光和生命的源头都是它，它创造了一切。"他激动得几乎说不出话，最后大喊："即使一个人独自进入深山，没有太阳，也无法生火。"这句话充分展现了原始人的观念，即外在世界是支配人类的力量源泉，我们要获得生活的机遇，就只能依赖它。尽管如今是一个无神论的时代，但宗教思想中仍然保留着原始人的心态，而当今世界仍有很多人用这种思维方式思考问题。

　　谈到原始人对巧合事件缺乏确定性的观点，之前我提到过，这种态度具有其独特的目的和意义。然而，我们是否应立即假设原始人对绝对力的观念并非仅仅基于心理学观点，而是基于事实呢？这可能令人震惊，但我在证明巫术有其存在合理性时，并非试图陷入混乱。我只是期望将这一结论纳入讨论范围。我们如果暂时采用原始人的观点并进行更深入的思考，如认为太阳是所有光的来源，物体的美存在于其本身，以及豹是人类一部分灵魂等观点，就能够接受超自然的理念。根据这个观念，美是一种自发的感动，而非由人类创造。某人的邪恶本性不是因为我们将邪恶投射到他身上而使他变得邪恶。许多拥有超自然力量的人天生就具备这种能力，而非由我们的想象力塑造。超自然观念说明了某种广泛分布的力量存在于外部世界，由此产生了许多不寻常的效果。所有事物都是自我存在和活动的，否则就是虚幻的。力量是一种力场（field of force）。因此，我们可以看出，原始人的超自然观念可以被视为一种类似简单能量论的观念。

现在，我们已经能够更深入地理解这个原始观念了。当我们试图深入研究其内涵时，困难就会出现，这是因为上述提到的心理投射过程彻底掩盖了其本质。这一概念的含义在于一个术士能够成为术士，并非取决于我们的想象力或崇拜，相反，他本来就是一个术士，只是将自己的魔法投射在我们身上。幽灵并不是我们内心的幻象，而是真实存在并出现在我们面前的。虽然从超自然的角度看，这种说法是符合逻辑的，但我们不敢轻易接受，仍然希望通过不断尝试，找到一种能够解释心理投射的理论。这个问题其实就是精神（心灵或无意识）是否起源于我们的内心？在早期意识阶段，精神是否确实依靠着绝对的力量存在于我们的身体之外？在随后的心理运作过程中，它是否逐渐进入我们的内心？那些毫不相干的心理内容是否真的如原始观念所认为的那样，从属于个人心理的一部分？精神实体最初是不是以幽魂、祖先之灵等形式存在于人体内？在发展过程中，这些内容是否逐渐与人融为一体，最终在人体内形成了我们所说的精神世界？

这种整体概念看起来确实相当矛盾，但我们可以通过想象来理解。不仅仅是宗教教师，甚至一般的教育从业者也认同，我们可以将那些原本不存在于人心中的事物引入内心。这种观点确实具有巨大的影响力，甚至行为学派也期望从这方面获得启示。复杂心理形成的概念，在许多信仰中都能找到原始形式，如附体、祖先灵魂的化身以及灵魂的移入等。当我们打喷嚏时，我们通常说"愿上帝保佑你"，这暗示着"我希望新的灵魂不会给你造成任何伤害"。在我们克服了无数矛盾、形成完整人格的过程中，我们感觉心理发展仿佛经历了复杂的融合。既然孟德尔单位中的许多遗传因子构建了人体，我们可以假设人类心理也可能是通过类似的方式形成的，这不是不可能。

当今的唯物论与古代先人的思想存在相似的倾向。两者似乎都得出相同的结论，认为个体只是由多种原因汇聚而成的集合体；人首先是自然因果的集合体，其次是意外巧合的集合体。根据这两种说法，人类被视为客观环境和偶然力量的产物，个体本身并不显著。这显然是典型的原始世界观。根据这一观念，个体并非独一无二，而是随着其他事物的变化而不断变动，不能独立存在。现代唯物论对因果律的狭隘看法似乎回归到了原始人的观点。由于唯物论比原始人的观点更为系统，因此更加激进。相较之下，后者更难与其他观点调和，并具有超自然的特征。在历史演变的过程中，这些超自然的人被升华为神灵，他们成为那些服下长生不老药的英雄和国王，能够分享上帝的荣耀。在原始社会中，这种个体不朽和不死的观念尤其体现在对鬼神的信仰和神话故事中。

原始人对自身观念的矛盾并不自知。一位帮我们搬行李的黑人告诉我，他对死后可能发生的事情一无所知。在他看来，人死了就是死了，不再呼吸，于是他将尸体搬到树林中让野狗吃。白天时，他会如此想，但到了晚上，死者的灵魂可能会变得可怕，或者做出令人毛骨悚然的事情。原始人的内心充斥着矛盾。也许，他们能吓到欧洲人，但欧洲人未曾意识到在我们的文明世界中也存在相同的情况。大学提出神的干预不值得探讨，却仍然设有神学课程。一个自然科学研究者或许认为最微小的生物都是由上帝创造的这种观点荒谬，但也许在星期天，他又是虔诚的基督徒。既然如此，我们为何还要对原始人前后矛盾的信仰感到介怀呢？

从原始人的基本概念中难以推导出完整的哲学体系。我们只能从中汲取相互矛盾的道理。然而，正是依据这些道理，我们获得了大量关于心理努力的素材，并为从古至今的各种文明提供了思考的题材。

原始人的"集体表象"是真的深奥，还是只是表面现象？这个复杂问题我难以回答，但我可以提供自己在埃尔贡山区部落中的观察作为参考。我之前游历过许多地方，希望找到有关宗教观念和仪式的线索，但接连数周毫无所获。当地人允许我参观他们的各种仪式和庆典，为我提供了参考资料，没有任何隐瞒。我与他们交流时，基本不需要翻译，因为其中很多长者都能说斯瓦希里语。一开始，他们可能有些不情愿，但随着我们之间的亲近，他们对我变得非常有礼貌。然而，他们对于宗教习俗一无所知。我并没有放弃希望，通过多次交流，终于有一位老人大声说："早上太阳升起时，我们从茅屋里走出来，然后向太阳吐唾沫。"我请求他演示并详细解释。他将手放在嘴前，吐唾沫到手心，然后翻转手掌，朝向太阳。我请求他解释行为的意义，为何要吐唾沫到手心。显然，我的问题对他来说毫无意义，他回答："我们一直都这么做。"我无法获得满意的解释，但我坚信他真的不知道为什么这样做，只知道他在做某事。他看不出自己的行为有任何深意。他也使用了相同的方法迎接新月。

现在，假设我对苏黎世一无所知，而来到这座城市的目的是探索当地的风俗习惯。起初，我选择在郊外的某人家中住下，以便与当地居民建立联系。然后，我向米勒先生和迈耶先生询问："请告诉我一些你们的宗教习俗。"两位先生都感到非常吃惊。他们从未去过教堂，因此对教堂事务一无所知。他们强调说，他们根本没有实施过任何宗教习俗。有一天早晨，我突然造访米勒先生，他正忙着在花园里准备一些彩色的蛋，并且正在摆放一些奇特的兔子雕像。我立即将他拦住，问道："为什么你一直瞒着我，进行这么有趣的仪式？"他辩解说："什么仪式？这根本算不上什么，在复活节时，大家都会这样做呀！""但是，这些彩蛋和雕像又是什么？为什么你要把它们藏起来？"米勒先生一时哑口无言。

他对这些事一无所知，不了解圣诞树的意义，但他仍然在进行这些活动。他就像一个原始人一样。然而，远离文明的埃尔贡山区的居民难道真的理解他们行为的含义吗？显然是不可能的。只有文明人才能理解他们的所作所为，而原始人只是照着自己的方式行事。

上述提到的埃尔贡山区的仪式到底蕴含着何种寓意呢？显然，对于当地人而言，这是一种对太阳的崇拜仪式，在旭日东升时进行。至于他们往手心吐唾沫的举动，根据原始人的信仰，象征着某种个人神力，是一种对健康的祈愿或对生命力量的支持。他们吹向手上的气体象征着风和灵魂，即 roho，相当于阿拉伯语中的 ruch、希伯来语中的 ruach、希腊语中的 pneumao。这一动作和其含义可解读为"我将我的灵魂献给上帝"。这祈祷虽无声，但通过动作表达，其含义大致如此："神明啊！我甘愿奉献我的生命之灵给您。"这种行为究竟是偶然发生，还是早在人类存在于这个世界之前就已经形成的思想？我无法回答这个问题。

第八章
心理学与文学

　　既然心理学是研究精神过程的一门科学，它对文学的影响显而易见。因为人类的心理是所有科学和艺术的根源，所以我们希望通过心理学的研究来解释艺术作品的形成过程，并揭示影响一个人产生艺术创作才华的因素。因此，心理学家面临着两项不同的任务，并且需要运用完全不同的方法来完成这两项任务。

　　在探讨艺术作品时，我们需深入研究那些通过极为复杂的心理活动创造而成的产物，这些产物是经过意愿和意识共同塑造的。对于艺术家而言，我们需要深入研究其内在精神结构。从前者的角度看，我们必须在研究具体艺术品时运用心理学的分析方法；从后者的角度看，我们则分析一个充满生命力和创造力的独特人格。尽管这两项工作息息相关，甚至可以说相互依存，但不可能通过研究其中之一而得出另个的答案。确实,通过研究艺术家的某一件作品或许能够推断出其相关情况,或者通过对其本人的研究,能够了解其艺术品,但通过这种方法所得的结论是不完整的,最多看作猜测。例如,了解歌德与母亲之间的深厚感情对理解浮士德的"母亲,母亲,是多么的美妙啊"这一感叹句有很大的益处。然而,仅仅基于歌德与母亲之间具有的深厚感情,我们无法弄明白他为何创作《浮士德》这部作品,不论我们对两者之间的关系有多么确定。相反,以《浮士德》为切入点研究歌德本人同样一无所获。从《尼伯龙根的指环》这部剧中,我们同样无法觉察或推断出瓦格纳经常喜欢穿女装的事实,即便尼伯龙根的男性英雄世界与瓦格纳自身某种病态的女性气质之间联系相当隐秘。

对于现阶段心理学的发展状况,我们发现无法像其他科学那样期望确切的因果关系。我们只有在与"心理—生理本能"(psycho-physiologic instincts)和"反射"(reflex)等相关方面,才能自信地应用因果关系的观念。心理生活的根源是非常复杂的,心理学家应该将心理活动及其复杂、曲折和深奥的特征形象地刻画出来。在进行这项工作时,他应该避免过度确定已经存在的精神过程。如果不这样做,或者我们坚信心理学家肯定有办法揭示艺术作品及其创作过程的因果关系,那么艺术的研究可能沦为他自己科学体系的附庸。确实,对于复杂的心理活动及其因果关系的追求是不可或缺的,否则心理学将失去存在的理由。然而,在这一原则方面,他不应过于执着,因为艺术作品中所体现的生命创作层面远远超越了理性所能理解的努力。或许,所有由刺激引起的反应都能够用因果关系来解释,但创作行为与单纯的反应完全不同,对于它,人类将无法完全理解。我们只能对其表现形式进行描述,无法全面了解,只能模糊地感受。心理学和艺术的研究应该相互启发,而非相互对抗。心理行为的原因无法被推断,这是心理学中的重要原则。而艺术研究的重要原则是,无论这个艺术作品或艺术家本人存在什么问题,创作本身是有价值的。这两个原则虽然在某些方面存在不同,但都有道理可言。

艺术作品

心理学家和文艺批评家对文学作品的批判方法有着本质差异。对于文艺批评家而言,那些被认为非常关键或珍贵的元素,对心理学家来说或许并没有太大的实用性。那些价值观极为模糊的文艺作品对心理学家具有特殊的吸引力。举例来说,所谓的"心理小说"并非一定会像文学家想象的那样受到心理学家的关注。对于这类小说而言,整个作品本身可能已经清晰地阐释了,心理学家最多只能为其提供一些补充性的批评。至于一个特定的作家如何创作一部特定的作品的大问题,我暂时不打算在此回答,这个话题将在本书的后半部分进行深入探讨。

心理学家认为最具价值的小说是那些没有对书中角色进行任何心理解析的作者的作品。只有这类小说才能让心理学家去深入分析和解说,才值得他们对其题材进行深入探究。博努瓦的小说是这类作品的最佳典范,还有哈格德风格的英国虚构小说，其中最著名的是柯南·道尔创立且后来非常流行的侦探型小说。我认为梅尔维尔所著的《白鲸》是美国出色的小说之一，也可以归入这一类。心理学家最感兴趣的是没有心理描写的生动叙事。这类作品的叙事基础建立在晦涩的心理结构之上，作者巧妙地在字里行间揭示了这一结构，其纯粹性和清晰度足以经受严格的批评。与此相反，那些试图将作品建立在心理学基础上的小说作者往往会通过改写将作品素材提升到心理学解释和表达的高度。然而，这种做法通常会导致混乱，因为作品本身的心理学意义变得模糊不清。许多非专业人士在研究心理学时常常依赖这类小说，但心理学家将其视为一个独立的类别，因为真正具有挑战性的小说才有资格被深入探究其意义。

以上这些讨论主要涉及的都是小说，而我要研究的心理学事实并不仅仅局限于这一特殊的文学创作形式。我们同样可以在诗歌中发现类似的情况。此外，下面将讨论《浮士德》戏剧的上下两部分。第一部分中格蕾辛的爱情悲剧是自解读的。既然诗人已经进行了详细描绘，心理学家就无须再费力进行深入解释。第二部分的情况并非如此，解释仍然是必要的。当诗人的创作力和想象力得到充分发挥时，他就没有多余的精力来顾及解说工作，读者在这个时候迫切需要有人详细解释。通过采用一正一反的极端方法，《浮士德》上下两部分充分而透彻地解释了文学作品在心理学上的差异。

为了强调这种区别，我希望将其中一种艺术创作形式称为"心理式"（psychological），将另一种形式称为"幻觉式"

(visionary)。

"心理式"艺术创作主要处理源自人类意识领域的素材,涉及生活教训、情感波动、痛苦经历和人类命运等,这些都是人类意识和情感生活的组成部分。诗人从心理层面同化、融合这些素材,将它们升华、组合成对原始和日常事件的诗意体验。通过诗歌,读者可以感受到诗人回避、忽视或拒绝面对的东西。诗人的目的在于解读和揭示意识的内在含义,以及生活中不可避免地反复出现的喜怒哀乐的体验。他已经不再需要心理学家的帮助,除非我们需要后者来解读浮士德为何爱上格蕾辛,或者格蕾辛为何要谋杀自己的儿子。这些都是构成人类命运主题的元素。它们在作品中反复出现,同时解释了为什么法庭和刑法千篇一律。由于作品本身已经明确交代,因此这类作品不会有难以理解的地方。

属于这一类的文艺作品不胜枚举,涵盖许多关于爱情、环境、家庭、犯罪以及社会的小说,还包括说教诗、抒情诗、悲剧和戏剧等各种形式。不论其文体如何,这类"心理式"艺术作品的题材源于丰富的人生意识经验,即取材于人生中最为生动的部分。这种艺术创作活动并没有超越心理学所能理解的范畴,因此我将这种艺术创作形式称为"心理式"。其中包括的一切,如经验及其艺术表现,都是可以被理解的。尽管这些基本经验本身可能是非理性的,但它们并非荒谬;相反,这些关于激情及其致命后果、人类受命运支配、大自然美丽而又可怕的经历自古以来就广为人知。

因此,《浮士德》的第一部分和第二部分最能说明艺创作的两种类型："心理式"和"幻觉式"。后者与前者形成鲜明对比。在"幻觉式"艺术中，素材不再是世俗的，而是来自人类心灵的深处。它揭示了当今时代与洪荒时代之间的时间差，呈现了超人世界中光明与黑暗的对比感。这种基本经验超出了人类的理解能力，因此人类常常受到其支配的威胁。它的浩瀚是其价值和力量的源泉。它来自非常遥远的过去，给人以陌生、冰冷、无限广阔、神奇和诡异的印象。在无限的混沌中，它是丑陋和怪诞的，用尼采的话说，是"对全人类的极大侮辱"（laesae majestatis humanae）。我们的人类价值观和艺术标准也因此支离破碎。为了处理那些普通人无法理解其含义和真理的光怪陆离的幻象，艺术家必须掌握更多从日常经验中汲取的肤浅教训。这些经验无法揭开宇宙的秘密，也没有超出人类的能力范围。对个人而言，它们可能令人敬畏，但对艺术家而言，它们只是现成的素材。然而，原始的经验可以打开精心描绘的图像上下的帷幕，揭示出尚未成形的无底深渊。这是天堂的幻象，还是灵魂的模糊幻象？抑或是人类诞生之前遥远过去的混沌景象？抑或是尚未到来的未来之梦？我们无法确定是哪一个，自然也就无法否认。

成形—再成形
永恒精神永远盛行 [1]

在《赫马牧人书》、但丁的作品、《浮士德》第二部、尼

---

[1] 引自歌德（Goethe）的文章 "Gestaltung, Umgestaltung, Des ew'gen Sinnes ew'ge Unterhaltung"。

采的狄奥尼修斯式的辞藻、瓦格纳的《尼伯龙根的指环》、施皮特勒的《奥林匹亚的春天》、布柏麦克的诗行、修道士科隆纳的《波利菲里之梦》以及柏麦哲学性和诗意的低语中，我们都可以看到诸如此类的幻象。此外，原始经验在哈格德的系列小说《她》中以更加受限且独特的形式呈现。类似的情况也在其他作品中发生过，如博努瓦的著作，特别是他的《大西洋岛》，库宾的《另一面》以及梅林克的《绿脸》，这些作品的价值都不应被低估，还有格茨的《没有空间的王国》和巴拉赫的《死亡之日》，其他例子更是比比皆是。

　　在谈论艺术创作中的"心理式"类型时，不必过分关注其组成部分和含义。然而，在谈论"幻觉式"类型时，这个问题就必须考虑在内。面对这类作品，我们可能会感到惊讶、不知所措，甚至有些反感，但也需要对其进行分析和解读。读完这类小说，我们的思绪不再困于日常生活，而是充斥着曾经做过的梦、对黑夜的恐惧以及常常令人不安的疑虑。大多数读者对这类作品不感兴趣，就连文学评论家（除非这些作品曾经名噪一时）也会觉得头疼。但但丁和瓦格纳揭示了我们可以理解它们的方法。在但丁的作品中，历史事实掩盖了他的幻觉体验。瓦格纳则是通过神话来达到这一目的。这表明历史和神话是诗人使用的创作素材。然而，他们作品的说服力和深刻意义并不取决于这些历史和神话，而是取决于幻觉和梦境。一般来说，虚构小说的创始人可以说是哈格德。对他来说，故事只是表达主题的工具，而主题通常在小说中具有更大的意义。

第八章 心理学与文学

"幻觉式"作品的素材来源具有独特的模糊性,与"心理式"的创作题材形成鲜明对比,甚至使人怀疑其中是否有虚构成分。我们自然而然地推测,弗洛伊德式的心理学启发了我们进行这样的思考——在这奇异而模糊的背后,必然存在某种较丰富的个人经验。因此,我们有意对这些奇异而朦胧的特征进行解释,并试图弄清为何诗人常常故意不将他们的重要经验告诉我们。这种观点与将艺术视为病态和神经质表现的说法有相似之处。的确,我们经常能够从幻觉艺术创作者的素材中找到一些与疯狂妄想相似的特点。相反,从很多神经病者的作品中,我们也常常能够发现一些可与天才作家的作品相提并论的作品。因此,弗洛伊德派的心理学信徒或许会认为,伟大的作品只是病理学上的问题。如果他们认为我所说的"原始幻觉"背后隐藏的个人经验是那些意识无法接受的经验,那么他们肯定会将那些奇特的意象解读为虚伪的表象,并认定这些意象是某种基本经验故意隐藏自己的典型。在他们看来,这必定是某种无法与其个性达成妥协的经验,或者至少是与意识界某些假装的部分产生矛盾的爱情经验。因为诗人通过自己有可能潜抑其经验,使其变得难以辨识(沦入无意识界),所以病理性的痴想是在受到刺激后采取的行动。此外,由于试图通过伪装来掩盖真相的图谋未能得逞,必须通过一系列长期创作的重复来表现它。这就是想象的文体如此奇特、恐怖,充满了魔法、荒谬、异常的作品不断涌现的原因。这些作品不仅是难以被人们接受的经验的替代物,也是用来掩护这些经验的手段。

虽然关于诗人性格和心理倾向的讨论以后会进行，但这里不能不提到弗洛伊德对"幻觉式"作品的看法。弗洛伊德是唯一一位试图以"科学"的方式解释幻觉作品素材来源的学者，也是唯一一位试图提出理论来解释这一创作题材的心理史的学者。我个人对这一问题的看法并不广为人知，因此我将在此简要论述。

如果我们声称个人经验是幻觉的来源，那么幻觉就是现实的替代品，是次要的。这样，幻觉的根本性质就被剥夺了，幻觉只能被视为症状。这样一来，无所不包的混沌领域就沦为了一种精神困扰。我们就可以回到一个有序的宇宙，而不会心怀愧疚。我们都希望务实和理性，但我们也明白宇宙并非完美无缺，所以不得不接受所谓的异常和疾病带来的不可避免的不完美。无法理解的深渊的可怕启示被斥为幻觉，而诗人只是被当作这种妄想的制造者和受害者。诗人认为自己的原始经历是"人性的"。它是如此"人性化"，以至于他们无从面对，只能将其隐藏起来。

我认为，我们应该理解有关艺术创作形成因素归于个人的理论含义。这一理论指引我们朝着何方前进，我们应该有清晰的认识。这种观点并不需要对艺术作品进行心理学研究，而只涉及诗人的心理倾向。后者的重要性不容否认，但艺术作品本身具有独立的地位，不容忽视。对于诗人来说，创作作品意味着什么，无论被视为微不足道、一种掩饰、一项成就还是痛苦的来源，这些问题并非我们目前所要讨论的。我们要做的是从心理学的角度解读艺术作品。因此，应该谨慎对待作品的基本经验问题，即作品的幻觉问题。在这样做的时候，至少应预先假定对艺术创作中的"心理式"类型持一种态度。这是因为这些体验的真实性和严肃性同样毋庸置疑。事实上，要让人们相信幻觉是真实的并不容易，因为乍一看它们似乎与人类的命运毫无关系。在面对幻觉时，我们需要采取严肃而理性的态度，因为人们往往会将模糊的形而上学与神秘主义联系在一起。我们的结论是，最好不要把这些东西看得太重，以免世界回到迷信和无知的时代。我们可能都对神秘主义有些偏好。但通常情况下，我们会谴责幻想经历，认为它是丰富想象力和强大诗意的结果。从心理学的角度看，这纯粹是诗人的领域。许多诗人同意这种观点，因为这样一来，诗人和他的作品就保持了安全的距离。例如，施皮特勒就认为，诗人以"奥林匹亚的春天"还是"五月到了"为主题进行吟唱没有什么区别。事实上，诗人只是人类的一部分，他们希望在作品中表达的词语往往是模棱两可的。因此，我们的任务是捍卫（解释、澄清）幻觉经验，同时避免受到诗人本人观点的影响。

毫无疑问，我们可以从《赫马牧人书》《神曲》和《浮士德》这三部作品中看到最为原始的恋爱经验，即一种只能通过依赖幻觉来获得的经验。在《浮士德》第二部中，将正常的人类经验视为缺失或掩饰，与第一部一样，这种说法毫无依据；认为歌德在创作第一部时是正常的，但在写第二部时患上了神经症，这种说法也是十分荒谬的。在近两千年的历史中，赫马、但丁和歌德可以被认为是人类发展历程中三个重要阶段的代表人物，他们的个人恋爱故事不仅与更为关键的幻觉经验密切相关，而且是这一经验的衍生物。

在这种情况下，艺术作品本身的力量使得诗人的特殊心理倾向问题变得不那么重要，因此必须承认，幻觉代表一种比普通激情更深刻、更动人的体验。我们绝不能将此类艺术作品与其创作者混为一谈，而且无论偏执狂的观点如何，我们都可以肯定地说，幻觉实际上是一种原始体验。幻觉不是二次创作，更不是某种疾病。幻觉是某种本身具有存在合理性却无法被完全理解的事物的真实象征性表达。恋爱情结与幻觉一样，都是真实的感受体验。幻觉是肉体的、精神的还是形而上学的？这个问题没有必要追究。就其本身而言，它属于精神范畴，但在现实中，它与性和肉体相去不远。人类的情欲属于意识领域，幻觉却超越了意识。我们用感知来体验已知的事物，但对于未知的或隐藏的、本质上神秘的事物，只能依靠直觉。这些事物即使真实存在，也会被刻意掩盖。因此，自人类诞生之初，它们就被认为是隐藏的、可怕的、具有欺骗性的、肉眼无法察觉的。为了保护自己，人类使用科学的盾牌和理性的盔甲。白天，他们相信世界是井然有序的；到了夜晚，他们又会巩固这种信心，以抵御恐惧的气氛。当某些生命活动的界限进入我们的白天世界时，我们该如何应对？人类的需求是危险和不可避免的吗？还有比电子产品更有意义的东西吗？我们如此自信地拥有和掌握自己的灵魂，是否在自欺欺人？科学所称的"精神"实际上是否只是我们头脑中的未知数，是通往另一个世界的大门，在那里，奇怪而深不可测的力量经常出现，扰乱我们平静的心境，仿佛它们在黑夜中扇动翅膀，将我们引向人类之外的另一个领域？说到幻觉艺术的问题，我们应该明白，浪漫的情节只是创作者宣泄情感的一种手段，在《神曲》中，个人经验除作为前奏之外，毫无用处。

不仅这类艺术创作者，所有的预言家、先知以及启蒙大师也能够触及人生的阴暗面。这个神秘而不完全陌生的阴暗世界自远古时代以来就在人类的认知中存在，其身影随处可见。对于今日的原始人来说，它同样是宇宙不可或缺的一部分。我们摒弃这种黑暗的境界，是因为我们对迷信和形而上学心存戒备，力求构建一个有序的意识世界，以自然法为支撑，以成文法为规范。然而，我们心中的诗人往往能洞察黑暗世界中的人物，如鬼魂、恶魔和神灵。他们深知常人无法触及的东西是人类诞生的秘密，能够预言天庭中发生的难以理解的事情。总之，他们看到了一个令野蛮的原始人感到恐惧的精神世界。

自人类社会出现以来，人类一直试图用固定形式表达内心隐藏的感受。在刻于罗得西亚悬崖上的石器时代壁画中，我们可以看到许多栩栩如生的动物形象图案旁边出现了一个双十字，被画在一个圆圈里。这样的图案在各个文化区域都或多或少地存在，如今我们不仅能在基督教教堂中见到它，在西藏的寺院中也能找到类似的图案。这就是人们所谓的太阳轮，它早在人们学会将其作为机械工具之前就已存在，其根源不可能来自外部世界的经验。相反，它是一种象征物，代表着某种心理行为：所有内在世界的经验都由它统领。毫无疑问，它与背部画有食虱鸟的犀牛形象一样生动而具体。各种文化从古至今都拥有自己的秘密教义体系，这种体系在许多文化中都得到了极大发展。许多在日常生活中难以察觉的教义都存在于男性聚会和图腾社团等组织中，这些东西在原始时代就已经成为人类的重要经验之一。通常情况下，类似这样的知识通过成年入会仪式传递给下一代。希腊罗马文化世界中的宗教仪式也有相似之处，古代神话则是这种经验在人类发展最初阶段的凭证。

因此，为了准确表达其经验，诗人必须寻求神话的启示。将其创作视为借鉴他人观点的行为是一个巨大的误解。其创造力的根源在于原始经验，这种经验深奥莫测，因此需要通过神话意象的形式来呈现。它本身永远不会以文字或形象的方式显现，只是一个能够"大约从镜中"可以看见的幻影。它是一种深层次的预感，带有强烈的表达冲动，犹如一阵龙卷风，将接触到的一切带走并卷向上层，然后才呈现出可见的形态。由于特定表达方式无法完全表达幻觉，有时内容可能显得不够充实，因此诗人必须尽可能地搜集素材，以表达内在的感受。为了呈现幻觉的荒诞矛盾，诗人甚至需要借助难以处理且自身充满矛盾的意象。例如，但丁运用统治天国和地狱的意象来体现他的表现欲；歌德在自己的作品中甚至引用了布洛克斯堡和古希腊的冥府；瓦格纳借助北欧神话；尼采在写作时模仿传教士的风格，重新构造了史前传统中先知的姿态；布莱克创造了许多难以描绘的人物；施皮特勒赋予自己想象中的新人物许多古老的名字。无论天国还是地狱，所有神圣而又怪异的形象都被纳入其中。

面对如此繁多的意象，心理学只能对所有材料进行组织、分类、比较并给出术语。根据这一术语，幻觉中出现的是集体无意识。集体无意识指的是某种基因形成的心理倾向，意识就是从这种倾向中产生的。人类灵魂的要素一定是遵循人类系统发育规律的，因为人体结构带有进化早期阶段的痕迹。事实上，当意识暂时被蒙蔽时，如在梦中或在无意识或疯狂状态下，精神及其内容（精神发展所有原始阶段的特征）就会涌入意识。这种意象的来源被认为是古代"秘经"的教义，因为它们本质上是原始的。带有现代色彩的神话论断屡见不鲜。这些集体无意识的表现形式对文学研究的最大贡献在于，它们是对有意识态度的补充。换句话说，这些表象可以平衡意识中的偏见、变态或危险状态，而在梦境中可以清晰地观察到更现实的真相。一般来说，这种补偿程序在精神错乱的情况下尤为明显，却是消极的。例如，人们常常把自己与世隔绝，不与任何人交往，因为害怕自己的秘密被揭露。但有一天发现自己以为最秘密的事情已经被人知道并公开讨论，而自己丝毫不感到惊讶。

在研究歌德的《浮士德》时，除讨论剧作是不是作者意识态度的补偿现象之外，我们还必须探讨以下问题：这部作品与其所处时代的意识观存在怎样的关系。伟大的诗篇汲取广阔人生为素材，如果我们忽略了这一点，仅仅试图从作品中找出个人因素，那么我们可能完全错过这部剧作的深层含义。如果集体无意识象征着这个时代意识观的一部分，是一种真实而活生生的经验，那么这部作品可能对当代人的生活产生深远的影响。一部艺术作品应该能够真正启发后人。因此，《浮士德》震撼了每个德国人的灵魂，但丁的声望仍将永世长存。与此同时，《赫马牧人书》却未能被列入《新约全书》。每个时代都拥有独特的偏见、爱好和心理缺陷，宛如一个独立的个体。在意识观方面，它存在着缺陷，因此需要进行补偿和调节。由于集体无意识的影响，诗人、先知或领袖在不知不觉中被赋予当代使命，他们通过语言或行动指引着一个目标或者一条大道。这是每个人心中深深渴望并期待实现或达到的，无论这个目标带来了好的还是不好的结果，是挽救还是毁灭了当时的时代。

眼前的事物如此庞大，以至于人们难以完整地观察其全貌，因此对当代做出判断往往是不明智的。我只想简单地强调这一点。科隆纳的作品以梦的形式呈现，同时对人与人之间的爱情进行颂扬；在不过分宣扬感官放纵的前提下，他在作品中完全抛弃了基督教的结婚圣礼。相比之下，哈格德生活于繁盛的维多利亚时代，他以这一时代为题材，并以独特的手法处理。他让读者身临其境地体验道德冲突的压力，而非使用梦境表达这些冲突。歌德将格蕾辛、海伦、格罗廖沙等角色巧妙地编织在一起，形成了一幅绚烂的浮士德花毡。尼采认为上帝已经死去，而神祇的盛衰被施皮特勒转化为四季的神话。每位诗人，无论其地位是否显赫，都传达了千百万人的心声，预示着时代意识观念的变化。

诗人

创造力和意志的自由同样蕴含着深藏的秘密。尽管心理学家能够将这些表象描述成心理过程，但其中涉及的哲学问题仍无法得到解答。那些充满丰富创造力的个体成为谜团，我们努力从不同的角度去解开这个谜题，却徒劳无功。然而，现代心理学家并没有因此感到沮丧，他们一直信心满满地不断探讨艺术家和艺术作品。弗洛伊德认为自己已经找到一条线索，即从艺术家个人经验的角度研究作品。当然，从这个方面切入或许有希望，这是因为艺术作品可以被想象成一种神经症，可以追溯到我们精神生活中的情绪状态。神经症的成因源于弗洛伊德的这一理论，该理论将神经症的成因归结为童年时期的情绪状态和真实或想象的经历，这是弗洛伊德的伟大发现。弗洛伊德的一些弟子，如兰克和斯特克尔，选择了特定方面进行研究，并取得了显著成果。毫无疑问，诗人的心理倾向或许贯穿于整个作品。认为诗人的取材和处理方法可能受到个人因素的影响并非什么新奇的说法。然而，弗洛伊德不仅指出了这种影响的存在，还解释了其表现的独特方法，这一发现的价值确实不可忽视。

弗洛伊德学说主张将神经症视为最令人满意的替代，因此他认为将其视为一种疾病是不合适的，应被视为不真实的假装、矫饰、托词和无辜。在他看来，这些缺陷完全可以被规避。神经症从多个角度来看都显得毫无意义和荒谬，它只是一种让人感到烦恼的不安现象，几乎没有人对其有好感。如果人们从诗人的某种压抑角度来看待艺术作品，那么它可能与神经症密切相关。从某种意义上说，这种关系是自然而然的，因为弗洛伊德认为哲学和宗教的原理是相同的。如果仅将这种方法作为一种解释，那么个人因素在艺术作品中也占有重要地位。然而，这种分析方法是否足以阐明艺术作品的整体性还有待证实。在一部艺术作品中，作者的个性并不是非常重要的因素。实际上，我们如果花费过多时间讨论这些特性，可能就会远离艺术作品的实质问题。作品的首要价值在于它能够超越个人的生活范围，并且诗人应当以其真情实感来创作作品。在艺术领域，作者的个性是一种限制，甚至是一种罪过。纯粹个人化的"艺术作品"实际上是神经质的表现。当然，弗洛伊德学说认为艺术家一向沉醉于自我，他们往往是一些发育不良且带有童年自恋特征的人，这种说法也许有一定的道理。这种说法的本质在于艺术家作为一个人的身份与他艺术家的身份之间没有任何联系。就艺术家而言，他并不自恋，也不恋他，更不重欲。他是客观的、无我的，甚至可以说是非人的。作为艺术家，他本身就是自己的艺术品，而非简单的一个人。

每一个充满创造力的个体都是一个融合了双重或者多重人格的整体。从一方面看，他是一个拥有独特个人生活的个体；从另一方面看，他同样是一种无我、创造性的过程。作为个体，他可能具有健康或病态的一面，因此我们有必要研究他的心理结构，以便找出塑造其个性的决定性因素。然而，若要了解他作为艺术家的能力，我们只能从探讨他的创作成果着手。对于英国绅士、普鲁士官员等角色，如果我们试图通过个人因素来解释他们的生活方式，那么我们肯定会犯下可怜的错误。不论绅士、官员还是牧师等角色，它们所具有的去个性化的功用和心理结构的组成都带有特定的客观性。我们要认识到，艺术家在履行其职责时，并不能像官员那样，反之亦然。艺术家属于我之前提到的许多类型之一，那些具有卓越艺术才能的艺术家，其精神生活所具有的集体性远远超越了个人性。艺术是人类与生俱来的本能，源于个体内心深处，并通过表达工具来实现。因此，艺术家并不是自由的，他不能随心所欲，而是艺术为实现其目标的手段。作为个体，他可能同样具有自己的情感、意愿和个人目标，但作为艺术家，他是一个具有更高含义的"人"，他是一个引领并塑造全人类无意识心理生活的"集体人士"（collective man）。为承担这一艰巨而伟大的任务，有时他不得不选择放弃正常的生活。

因此，可以理解为什么偏爱分析法的心理学家对艺术家表现出特别的兴趣。艺术家的生活充满了冲突和矛盾，这是因为他内心深处存在两种互相排斥的力量。他一方面渴望享受快乐、满足和平静的生活，另一方面有一种超越个人期望、无法控制的创作欲望。大多数艺术家的一生都是艰辛的，如果不用"悲剧"这个词来形容的话。作为个体，他们的地位相对较低，却并非因为他们命运多舛。一个永恒的真理是，拥有创作热情的人必须为此付出极大的代价。每个人天生都有一定的创作能力。人类的组成结构试图占有并垄断这种能力，而忽视其他方面。个体的动力会被这种创作欲望消耗殆尽，作家的自我从而不得不陷入各种恶习之中，如残酷、自私和虚荣心，即所谓的自恋倾向，甚至会采取不道德的手段，以确保生命之火继续燃烧，不被剥夺。艺术家的自恋现象可比作私生子或受到冷淡对待的孩子的遭遇。从很小起，他必须学会如何保护自己，避免受到那些不喜欢他、可能中伤他的人的影响。正因如此，他们才养成了这种恶习。因此，他在今后的生活中，要么保留了某种难以抗拒的自我中心主义，一直非常幼稚，一直孤单飘零；要么拼了命去对抗所有的道德标准。然而，我们为什么能够确信，只有通过艺术家的艺术作品，而不是他个人生活中那些不尽如人意或矛盾冲突的方面，才能对这种现象进行解释。原因仅仅在于一个不幸的事实：他是一位艺术家，自降生以来，上天就赋予了他重大责任，他绝不是平凡之人。他拥有卓越的才华，这意味着他的大部分精力都会投身在这个特殊领域，因而需要借助生命的其他方面的能量。

无论诗人是否意识到他的作品正在他的脑海中诞生、发展和逐渐成熟，还是他通过思考从虚无中创造了作品，这些都并不重要。他的看法并不能改变以下一个事实：他的作品必然会像一个孩子超越妈妈一样，超越他这个创作者。柔性渗透在创作的过程中，作品则源自无意识的深层，或者说源于母体。一旦创造力占据了上风，无意识就会违背人的主动意志控制人的生活，塑造人的生活，将有意识的自我淹没在潜流之中，使其漂泊不定，最终沦为无助的局外人。正在进行的创作成为诗人的命运，同样主宰着他的精神发展。事实上，不是歌德创造了《浮士德》，而是《浮士德》创造了歌德。《浮士德》除是一个象征之外，还有什么更深刻的内涵呢？我所说的象征并不是指一个广为人知的寓意，而是指一个鲜为人知却深具生命力的实体的再现。它包含刻进每个德国人DNA的东西，而歌德正是推动其诞生的人。除德国人外，还有谁能创作出《浮士德》和《查拉图斯特拉》这样的作品？这两部作品的共同主题是雅各布·布克哈特所说的"原始意象"，即能引起全人类共鸣的医生或教师的形象。在人类文化的萌芽阶段，这些圣贤或救世主的原始意象早已隐藏在人类的潜意识中，只有在社会陷入严重错误或动荡不安之际，他们才会被唤醒。人们只有在迷失方向时，才会明白一位能够引导和教导人的老师或者一位能够治愈人们的医生有多么重要。这些原始意象多种多样，但只有在我们的人生观偏离正轨时，它们才会在梦境或艺术作品中浮现。一旦意识生活出现偏差或错误，这些意象就被唤醒，几乎是一种本能，于是它们呈现在梦境、艺术作品中，或者先知和艺术家的幻觉中，从而帮助心理恢复原有的平衡。

这样一来，诗人的作品就满足了他所生活的社会的精神需要，因此，无论他是否意识到这一点，他的作品对他来说都比他个人的命运更有意义。作为作品的工具，他从属于作品，我们没有理由期待他为我们解释作品。他已经付出最大努力来创造作品了，所有关于他作品的解释工作还是交给他人或后世吧。一部卓越的作品就像一场梦境，作品的外表或许清晰可见，但其本质既无法自我解释，又朦胧不清。梦境从不会说"你应该"或"这是真理"这种话。它以意象的方式呈现，就如同自然界植物的生长方式，需要我们自行去探索其中的道理。若一个人做了场噩梦时，他要么感觉过于逍遥自在，要么过度恐惧；如果他梦到了古代的圣人智者，或许就表明他过度沉湎于道德说教，也暗示了他迫切需要良师的指导。在细微之处，这两种含义并无区别。尤其当我们受到艺术作品的影响时，就如同作品对艺术家的影响一样。要理解其内涵，我们需要接受这样的事实：我们被作品塑造，就像作者曾经被作品塑造一样。唯有如此，我们才能深刻领悟作者经验的本质。我们可以看到，作者曾汲取集体心理的治愈和救赎之力，这种集体心理是意识的基础，而意识又是孤独和痛苦的错误的基础。他也曾深入所有人都置身其中的生命母体，这种母体使人类以共同的节奏生存，并使个人能够将自己的感受和努力传达给全人类。

追溯所谓的"神秘参与"状况，是解读艺术创作秘密的唯一途径，也就是追溯到某个经验水平。其中，活着的并非个人而是全人类，个人的旦夕祸福无关痛痒，全人类的生存才最为重要。为什么每一部宏伟的艺术作品都是客观、超越个人的存在，其感染力也没有因此而减弱，原因就在于此。为什么诗人的私生活对其艺术作品影响不大，至多只能对其创作有点帮助或造成点阻碍，这也是其中一个原因。他可能会走上非利士人、良民、神经质、傻瓜或罪犯的道路。他的职业选择可能是迫不得已，也可能是兴趣使然，但这些都无法解释他诗人的身份。

第九章
分析心理学的基本假设

在中世纪乃至希腊—罗马时代,人们普遍相信灵魂具有实质性(substance)[1]。事实上,从人类历史的黎明起,这种信念就已根深蒂固,直到19世纪后半期,人类才孕育出一种全新的思想——"不涉及灵魂的心理学"(psychology without the soul)[2]。在科学唯物主义的浪潮中,那些无法被眼睛看见或手触摸到的事物受到了质疑,甚至因其与玄妙的形而上学相联系而遭到嘲笑。只有那些能够被感官察觉或追溯至物理因素的事物,才被冠以"科学"的名号,被认为是真实的。这种观念的深刻转变并非始于哲学唯物主义,而是在

---

[1] "灵魂具有实质性"(substance)指灵魂被视为一种独立非物质存在。(译者注)
[2] 参考 Friedrich Albert Lange(1828—1875)的作品。需要指出的是,德语中的"Seele"既可以指心理(psyche),也可以指灵魂(soul)。(译者注)

其到来之前，早已悄然铺垫。宗教改革运动的风暴打破了哥特时代（这一时代充满了对超凡脱俗之向往）的桎梏，让人们摆脱了地理上的束缚以及狭隘的世界观，使欧洲人的视野从求天问地转为了对广阔地域的探索。随着伟大的航海时代的到来，人类不再局限于探索天空，而是在对这个世界的广阔理解和对地球知识的积累上取得了显著进展。人们通过实践和探索，大大拓展了对世界的认知。随着时间的推移，对灵魂的信仰逐渐让位给了一种更为强烈的信念：唯有物质世界才是真实存在的。直到近四百年后，欧洲的领先思想家和探索者开始坚信，心理现象与物质世界以及物质因果关系之间存在密切而复杂的联系。

我们无法单纯归咎于哲学或自然科学，认为它们促成了这种根本性的思想大逆转。许多洞察深远、思维敏捷的哲学家和科学家只能在反抗中勉强接受这一非理性的观点转变；极少数人尝试抵抗，但他们缺乏支持者，显得力不从心。绝不应误以为，这种对人类观念的激进变革能够仅凭逻辑推理和深思熟虑而实现，毕竟没有任何逻辑链能够证实或否定心灵或物质的存在。正如当代每位理性人所能明白的，这两个概念不过是代表着未知与未探究之谜，而这个"谜团"是根据个人的情绪和偏好，或者是时代精神的指引来设定或拒绝的。思辨性的智慧无所不能，既可以将心灵理解为一种复杂的生化现象——在其最基本层面，仅是电子活动的表演，也可以将难以预知的电子活动看作它们自身存在精神生命的证据。

第九章 分析心理学的基本假设

19世纪，心理的形而上学被物质的形而上学取代。如果我们仅从知识分子的角度考虑，这似乎不过是一场巧妙的游戏。但从心理学的立场出发，这却是人类对世界观念的一次史无前例的革命。那些超凡脱俗（other-worldliness）被实事求是（matter-of-factness）取代；人们对任何问题的探讨、目标的选择乃至对"意义"的定义，都被经验的界限所约束。那些无形的、内在的体验似乎必须为外在的、有形的世界所取代，任何价值若非建立在所谓的事实之上，便被视为不存在。至少对于天真的心灵而言，一切似乎正是这般模样。

事实上，试图把这种非理性的观念转变视作一个哲学问题是毫无成效的。我们最好不要这样做。因为如果我们坚持认为心理现象是腺体活动的结果，我们将会赢得同行的感谢和尊重。但如果我们尝试将太阳中原子的分裂解释为创造性的世界精神（weltgeist）的表现，我们就可能被当作怪人而受到嘲笑。尽管从逻辑上看，这两种观点同样合理、同样具有形而上学的性质、同样专横武断，也都充满象征意义。从认识论的角度看，认为人类衍生于动物与认为动物衍生于人类这两种观点都可以被接受。但是我们都知道，像达克教授那样违背时代精神的人，在其学术生涯中遭遇了什么样的不幸。时代精神是不容忽视的，它更像一种宗教，更准确地说，是一种信条，与理性无关，但其重要性在于一个不愉快的事实：它被视为衡量所有真理的绝对标准，并且总是被认为是常识的代表。

时代精神的力量是无法仅凭借人类理性的推理过程来

完全理解的。它不仅仅是一种思维倾向，更是一种情感趋势，通过潜意识以压倒性的暗示力量影响着人们的思维，使之产生共鸣或摇摆。在某种程度上，与当代主流思维不同似乎是不合理的，甚至可能被视为不体面的、病态的，或亵渎神灵的，这对个人的社会生活可能产生显著影响。那些逆社会潮流而行的人是愚蠢的。正如过去人们坚信一切事物都起源于上帝的意志一样，19世纪的人们发现了另一个似乎无可置疑的真理：一切源于物质。在今天的观念中，心理不再是构建肉体的基础，相反，是物质通过化学作用产生了心理。这种观念的逆转若不是时代精神的突出特征，几乎会显得荒谬。但因为它是当下流行的思维方式，所以被认为是体面的、合理的、科学的、正常的。心理被视为物质的副现象（epiphenomenon）。即使我们用"心理"（psyche）代替"思维"（mind），用大脑、激素、本能或驱力代替物质，得出的结论也是相同的。在当今时代，承认灵魂或思维具有实质性的观点常常被认为是过时的，甚至有时会被贴上异端邪说的标签。

  我们发现，我们的祖先认为人类拥有灵魂；这灵魂具有实质性、神圣性，因此不朽；灵魂内在有一种力量，能构建身体，支撑人的生命，治愈其疾病，并使灵魂独立于身体之外生存，存在无形的精灵与灵魂相交往，在我们经验性的现实之外，有一个精神世界，灵魂从中获得有关精神事物的知识，其起源无法在这个可见世界中找到，这种想法在智力上是非常不合理的自负。但那些普通意识水平之上的人还没有发现，当我们假设物质产生精神时，当类人猿进化为人类时，在饥饿、爱和权力的驱力和谐互动下，康德的《纯粹理性批判》（Critique of Pure Reason）也试图证明大脑细胞孕育思维，于是我们坚信非黑即白，除物质创造精神外，没有第二种答案，我们这种傲慢自大的看法其实和我们的先祖一样自以为是。

究竟是什么或者是谁成了这个全能的物质？这其实是人类对创造之神的想象，这一次剥去了其人性特征，将其化身为一个普遍概念的形式，人们自以为是地理解其意义。如今的意识在广度和范围上已大大扩展，但不幸的是，这种扩展仅限于空间维度。思维扩展的时间维度并没有增加，如果时间维度发生了扩展，我们对历史将有更生动的感知。如果我们的意识不仅仅是当代的，还具有历史连续性，我们会想起古希腊哲学中神圣原则（divine principle）的类似转变，这可能使我们对当下的哲学假设持有更加批判性的态度。然而，时代精神有效地阻止了我们进行此类反思。它将历史视为一个方便快捷的论据武器库，使我们在适当的时候可以说："看，连古老的亚里士多德都知道这一点。"既然事情如此，我们必须问自己，时代精神是如何获得如此不可思议的力量的。毫无疑问，这是一个重要的心理现象，无论如何，它是一种根深蒂固的偏见，以至于在我们给予它适当的思考之前，甚至无法开始对思维问题加以探讨。

正如我在前面阐述的一样，这种过度强调物质原因的倾向是集体思维的一种表现，它不应被视为个体意识的真实反映。在这一点上，我们与原始人类有着相似之处：起初对自己的行为和动机一无所知，直到很久以后才开始理解自己的行为。与此同时，我们常常满足于对自己行为的表面合理化解释，但这些解释往往并不深入或充分。这种现象反映了现代社会和文化中一个重要的心理和哲学挑战，即如何平衡物质因素与精神、心理因素的探索。这要求我们在解释个体行为和集体行为时，不仅要考虑物质、经济或社会因素，还要深入理解个体的内在心理动机、信仰和价值观。这种更全面的视角有助于我们更深刻地理解人类行为的复杂性和多维性。

如果我们意识到时代精神的存在，就会明白为什么我们如此倾向用物质因素来解释一切。我们会知道，这是因为到目前为止，太多的事情都被归因于精神。这种认识会立即使我们对自己的偏见产生批判。我们会说，很可能我们现在正犯着另一方面同样严重的错误。我们自欺欺人地认为，我们对物质的了解比对"形而上学"思维的了解要多得多，因此我们高估了物质因果关系，并相信它是解释生命的唯一真理。但物质和思维一样，同样是不可知的。关于两者关系的最终真理，我们一无所知，只有承认这一点，我们才能回归到平衡状态。这并不是否认心理事件与大脑的生理结构、各种腺体以及身体整体的密切联系。我们深信，意识的内容在很大程度上由我们的感官知觉决定。我们不得不承认，物质和心理特性的不变特征通过遗传无意识地植入我们内心，我们深深感受到本能的力量，它们抑制、增强或以其他方式改变我们的心智能力。实际上,我们必须承认,在原因、目的和意义方面,无论我们如何讨论它,人类思维都会最先、主要地反映我们所称的物质、经验和世俗的一切。最后,我们必须询问自己,思维是不是一种次要的表现(一种副现象)并完全依赖身体。在理性的光芒和我们作为实际世界中的务实之人的承诺下,我们会给出肯定的答案。只有当我们开始怀疑物质决定论的时候,我们才能以一种批判性的方式审视科学对人类思维所做出的终极结论。

最近,有人开始批评现有的心理学研究方法,认为这种方法过于简化,将心理事件仅归因于人体腺体的活动,或者简单地把思维看作大脑分泌物的结果,这实际上导致了一种"无心理"的心理学。从这种批评的视角出发,我们似乎不得不接受一个观点:心理学本身实际上不存在,它不过是物质过程的一个表层现象而已。这种观点认为,这些过程显现出意识的属性,是不容置疑的,如果不是这样,我们根本就无法进行心理学的讨论。如果没有意识,我们对任何事物都无法进行分析。因此,意识被认为是心理活动不可或缺的一部分,换言之,意识本身就是心理学的核心。因此,所有试图建立一种"无心理"的心理学的现代研究实际上都是在研究意识,同时完全忽视了无意识心理活动的重要性和存在。

然而,现代心理学并不只有一种,实际上有好几种。当我们想起数学、地理学、动物学、植物学等各只有一种时,这一点尤其令人好奇。但心理学如此众多,以至于一所美国大学在1930年出版了一本厚厚的书籍,书名为《1930年的心理学》(*Psychologies of* 1930)。我相信，心理学的种类和哲学一样多，因为哲学也不只有一种，而是有许多种。我提及这点的原因是，哲学和心理学通过它们的主题内容的相互关联，被不可分割的纽带紧密联系在一起。心理学以思维为研究对象，而哲学以世界为研究对象。直到最近，心理学还是哲学的一个特殊分支，但现在我们正面临着尼采预见的情况——心理学作为一个独立的领域崛起。它甚至威胁到哲学。这两个学科的内在相似之处在于，它们都是观念体系，因此无法通过纯粹经验方法理解的主题内容的观点体系去探讨。因此，这两个领域的研究都鼓励推理，结果是形成了如此多种多样、丰富多彩的观点，以至于需要厚重的卷册来容纳它们，无论它们属于哪一个领域。这两个学科都离不开对方，一个学科总是为另一个学科提供隐含的甚至无意识的基本假设。

在现代心理学的发展过程中，普遍存在一种倾向，即用物质因素来解释心理现象，导致了一种奇怪的情况：一种看似关注心理但实际上忽略了心理本质的心理学。这种现象让人们误以为心理不过是生物化学过程的副产品。然而，真正从心理本身出发的现代科学心理学似乎并不存在。如今，鲜少有人敢于假设心理是一个独立于身体之外的实体，并在此基础上构建科学的心理学理论。关于精神作为一个独立、自足的系统，这种观念在我们的文化中并不受欢迎。但只有在这种假设之下，我们才能相信灵魂是自发和独特的存在。我记得 1914 年，我曾参加在伦敦贝德福德学院由亚里士多德学会（Aristotelian Society）、心理协会（Mind Association）和英国心理学会（British Psychological Society）联合举办的一场会议。会议上的一个主题是探讨上帝是否在大众心中并包含每一个个体的心理假设。在英格兰，对这些学会的科学观点提出疑问通常不会得到积极的回应，因为这些学会的会员是该国最杰出的学者。他们的观点似乎回响着 13 世纪的回声，而我可能是当时现场唯一对这些观点感到惊讶的人。这个例子说明，已 20 世纪了，相信精神自主性的观点并没有在欧洲消亡，这种看法也并非仅是中世纪遗留下来的过时思想。

如果我们牢记这一点，或许我们就能勇敢地探索心理学的一个新领域，也就是基于自主心理假设的"关于心理的心理学"。我们不应因为这种探索可能不被广泛接受而感到恐慌。实际上，假设心理的存在并不比假设物质的存在更加荒唐。考虑到我们对心理如何从物质中产生一知半解，也不能否认心理事件的实际存在，我们完全有理由从另一种视角出发，假设心理起源于某种我们未能完全理解的精神原则，这与物质一样充满神秘。当然，这样的假设可能不会成为现代心理学的一部分，因为现代心理学的基本立场是拒绝接受这种可能性的。但不管怎样，我们可能需要回顾古人的思想，因为正是他们最早提出了这种设想。古人将精神看作生命的呼吸，一种生命力，它在个体出生或形成时呈现为物质形态，在生命结束时离开身体。我们可以认为，精神是一种无形态的存在，它在获得和失去物质形态之前后都存在，因此是超越时间的、永恒的。当然,从现代科学心理学的视角看,这种观点可能会被认为是完全的幻想。但我们的目标不在于深入探讨形而上学的问题,而是要以一种公平、无偏见的方式来审视这一古老观念,并对其合理性进行实证检验。通过这种方法,我们能够更加全面地理解心理现象,探索心理与物质之间更深层次的相互作用。

人们给自己的经验所取的名字往往颇具启发性。词语"Seele"(灵魂)的起源是什么?像英语中的 soul(灵魂)一样,它来源于哥特语的 saiwala 和古德语的 saiwalô,这些词可以和希腊语的 aiolos 相联系,意为"流动的、彩色的、彩虹般的"。Saiwalô 与古斯拉夫语的 sila 也相关,意为"力量"。这些联系为"Seele"一词的原始含义提供了线索:它是某种动力,也就是生命力。

拉丁语中的 animus(精神)和 anima(灵魂),与希腊语的 anemos(风)具有相同的意思。希腊语中"风"的另一个词 pneuma,也意味着精神。在哥特语中,我们也找到了相同含义的词 us-anan,意思是"呼气",在拉丁语中,我们则找到了 an-helare,意为"喘息"。在古老的高地德语中,spiritus sanctus(圣灵)被译为 atun(呼吸)。在阿拉伯语中,风是 riih,ruuh 就是灵魂、精神。这与希腊语的 psyche(灵魂)有着相似的联系,它与 psycho(呼吸)、psychos(凉爽)、psychros(寒冷)和 phusa(风箱)相关。这些关系清晰地展示了在拉丁语、希腊语和阿拉伯语中,赋予灵魂的名称与流通的空气("精神的冷气息")相关联。这也是为什么原始的观念赋予了灵魂一个看不见却能够呼吸的实体。

显然，因为呼吸是生命的明显标志，人们自然而然地把呼吸、运动以及动力看作生命的象征。在一个古老的思想中，火或者火焰被认为是灵魂的象征，原因是温暖，也被看作生命的一种标志。此外，还有一个非常独特但并不少见的观念，即把灵魂和名字视为等同的。在这种观念下，一个人的名字被视为他的灵魂的代表，这就出现了一种习俗：通过给新生儿起祖先的名字，让祖先的灵魂在他们身上重生。因此，我们可以推测，自我意识被看作灵魂的一种体现。人们常常将灵魂与影子等同，因此踏在别人的影子上被认为是对别人的极大不敬。同样的原因，正午（noon-day）在南半球高纬度地区被视为有鬼怪出没的时间，极具威胁性；因为影子此时变小，这意味着生命处于危险之中。这种关于影子的观念包含一个概念，希腊人在"synopados"一词中表达了这个概念，意为"那个跟在后面的人"。他们用这个词表达了一种无形却有生命的存在物的感觉，这种感觉导致了相信影子是逝者灵魂的信仰。

这些迹象揭示了原始人是如何体验心理的。对于他们来说，心理不仅仅是一种抽象概念，还是生命的源泉、原动力，它呈现为一种具有客观现实性的、类似鬼魂的存在。因此，原始人能够与自己的灵魂进行对话。他们感觉到内心有声音在对自己说话，这个声音并非他们自己，也不是他们的意识的一部分。对于原始人来说，心理并不像对现代人一样，是所有主观事物的集合，也不是受意志控制的；相反，它被视为某种客观的、独立的、拥有自身生命的实体。在他们的世界观中，心理是一个活生生、自主的存在，不仅仅是内在思维或情感的反映。

这种观点在经验上是有道理的，因为心理事件不仅在原始社会中，在文明社会也具有其客观性。这些心理事件在很大程度上并不受我们意识的控制。例如，我们无法控制许多自发的情绪，我们不能简单地把坏心情变为好心情，也不能随意指挥我们的梦境。即使是最聪明的人，有时也可能被他无法用意志力驱逐的思想困扰。记忆偶尔会玩弄我们，让我们感到无助和惊讶，而且任何时候，意想不到的幻想都可能闯入我们的思维。我们通常自我吹嘘，认为自己是自己思维的主宰。然而，实际上我们惊人地依赖潜意识心理的正常运作，并且不得不信任它不会让我们失望。如果研究神经症患者的心理过程，把心理等同于意识的观点就显得尤其荒谬不堪。众所周知，神经症患者的心理过程与所谓的正常人几乎没有太大差别。在今天，谁又能完全确定自己不是潜在的神经症患者呢？这表明心理事件具有一种超越意识控制的客观性。

既然如此，我们不妨承认将灵魂看作一种客观现实的古老观念其实还是颇具吸引力的。在古代人的眼中，灵魂被视为一个独立且不可预测甚至颇为危险的存在。有些人进一步推测，这种神秘而可怕的存在也是生命的源泉，这一点从心理学的角度来看，也是合情合理的。经验告诉我们，"我"感或者说自我意识是从无意识的状态中逐渐发展出来的。儿童虽有心理活动,但尚未形成可以明确证明的自我意识,这也是为什么人们往往难以回忆起早年的经历。那么,我们所有的智慧和灵感从何而来?是什么给予了我们对生活的热情、创意和加强了的生命感受?原始人在自己的灵魂深处感受到了生命的源泉,他对自己灵魂中赋予生命活力的过程印象深刻,因此相信一切能够影响灵魂的事物,如各种巫术。这就是为什么对他而言,灵魂本身便是生命。原始人不认为自己能够控制灵魂,而是在很多方面都觉得自己依赖它。

虽然现代人可能觉得灵魂不朽的概念有些荒谬,但对原始人来说,这种想法是很自然的。灵魂被视为一种特别的存在,与其他所有存在的东西不同,它并不占据任何特定的空间。我们通常认为我们的思想存在于我们的大脑中,但当涉及感受时,我们就开始感到不那么确定了,感受似乎与心脏区域有关。而我们的感觉分布在整个身体上。我们的传统理论认为意识主要位于头部,但是普韦布洛人对我说,他们认为美国人疯了,因为他们相信思想存在于头脑中,而他们认为人类是用心来思考的。同样,某些非洲部落的人并不认为心理功能位于头部或心脏,而是认为心理功能位于腹部。

除关于心理功能具体定位的不确定性之外,我们还面临着其他复杂的问题。心理内容通常被视为非空间性的,除了在特定感觉领域的体验之外。当我们试图描述思想时,我们面临着一系列难以用传统空间概念来解释的问题。例如,思想的体积如何衡量?它们是大的还是小的?它们是高的、矮的、胖的还是瘦的?它们是流动的、直的、圆的还是某种完全不同的形状？如果我们尝试形象地描绘一个第四维度的非空间实体，那么以思想作为一个存在的模型将是一个极佳的选择。

如果我们否认心理的存在，世界看起来似乎会简单许多。然而，我们直接体验到了一种根植于三维世界的存在，它在很多方面让人困惑，既不同于我们所认知的现实，又在很多方面反映了现实本身。心理可以被视为一个数学上的点，又似一个布满恒星的宇宙，这种悖论使一些思维较为固定的人认为它几乎是神圣的。心理既不占空间，也不具有物质形态。物质身体终将死去，但无形和非物质的东西真的会消失吗？更重要的是，生命和心理在"我"这个字出现之前就存在了。当"我"在睡眠或无意识状态消失时，生命和心理依然存在，这一点从我们对他人的观察和自己的梦境中都能证明。面对这些经验，为什么还有人会简单否认灵魂超越身体存在的可能性呢？我必须说，在那些被视为迷信的观点中，我并未发现比遗传学研究或本能探索更多的荒谬之处。这些观点仅仅是从不同角度对我们对生命和心理的理解进行了探讨。

回想古代文化，特别是从原始时代开始，人类总是依赖梦境和幻象作为获取信息的重要途径，这可以帮助我们理解为何过去的人们会将更高甚至是神圣的知识归因于心理领域。潜意识中蕴含着丰富的阈下知觉，其深度和广度令人震惊。原始社会对梦境和幻象的重视正是对这一现象的直接反映。中国和印度拥有伟大且持久的文明，这些文明就是在这样的基础上发展起来的。这些文明不仅仅是在理论上重视梦境和幻象，还在实践中将这种对潜意识的关注提升到了一个高度精练的层次。其发展出了一种自我认知的规则，这不仅在哲学上具有深远的意义，还在实际应用中显示出了其重要性。

将无意识心理视为知识的源泉，并高度重视它，这并不是西方理性主义所认为的那种妄想。我们通常倾向认为，所有知识最终都源自外部。但现在我们已经确切知道，将无意识中的内容转化为意识领域的内容将极大地扩展我们的知识领域。例如，现代对动物本能的研究尤其是对昆虫本能的研究已经带来了丰富的经验发现。这些发现表明，如果人类的行为方式能够像某些昆虫那样，他们的智力可能会大大提升。虽然我们无法证明昆虫拥有有意识的知识，但根据常识，我们可以确定它们的无意识行为模式是心理功能的一部分。人类的无意识同样包含祖先遗传下来的所有生活模式和行为方式。因此，每一个孩子在拥有意识之前，都已经具备一套潜在的适应性心理功能体系。在成年人的意识生活中，这种本能的无意识功能也一直存在，并且发挥着作用，为意识心理的各种功能做好了准备。无意识和有意识的心理活动都有目的、具有直觉，并且能够感觉和思考。在精神病理学和对梦的研究中，我们已经找到了足够的证据来证明这一点。意识和无意识心理功能之间的本质区别在于，意识非常强烈且集中，它是转瞬即逝的，指向当下和即时的关注领域。此外，意识能够获取的知识范围相对有限，大部分是通过个人经验和文字获得的。相比之下，无意识不那么强烈和集中，而是模糊且广泛，能够以最不可能的方式将极为不同的元素融合在一起。除此之外，无意识不仅包含无数的阈下感知，还包含世代相传的大量遗传因素，这些因素本身就是物种分化过程中的关键。如果可以把无意识拟人化，我们或许可以称之为"集体人"，它结合了男女两性的特征，超越了年龄与生死，几乎成了永恒的存在，因为它掌握了人类数百万年的经验。如果这样一个"集体人"真的存在，他将超越所有尘世的变化。对他来说，现在和公元前的任何一个世纪没有区别。他将梦见古老的梦，并且作为一个拥有丰富经验的预言者，他将无与伦比。他无数次地经历了个体、家庭、部落和民族的生活，并对生长、开花、凋零的生命节奏有深切的体验。

不幸的是，或者我们更应该说幸运的是，这个只是存在于梦中。至少对我们来说，集体无意识似乎并没有在梦中产生意识。当然，我们无法确定这一点。此外，集体无意识似乎不是一个人，而是像一个不断流动的溪流，或许是一个充满图像的海洋，这些图像在我们的梦中或异常心理状态下漂流，逐步进入了我们的意识。

我们称这种庞大的无意识心理经验系统为幻觉，这是极其荒谬的，因为我们看得见、摸得着的身体本身就是这样一个系统。它仍然带有原始进化的可辨识痕迹，而且无疑是一个有目的地运作的整体，否则我们就无法生存。没有人会想到将比较解剖学或生理学视为无稽之谈。因此，我们不能把集体无意识视为幻觉,或拒绝承认它作为一个宝贵的知识来源并加以研究。

从外部看,思维似乎在本质上是我们对外部事件的反映——不但是由这些事件引起的,而且似乎起源于它们。我们也认为,只有从外部和意识的角度才能理解无意识。众所周知,弗洛伊德曾试图从这个角度进行解释——这种尝试实际上只有在无意识与个体的存在和意识一起形成东西时才可能成功。但事实是,无意识作为一种潜在的心理功能系统,是由人类世代传承下来的,它总是先于意识存在。意识是无意识心理的晚辈。如果我们试图站在晚辈的立场来解释我们祖先的生活,这无疑是倒果为因。我认为,将无意识视为意识的衍生物也同样错误。如果将其倒过来,我们将更接近真理。

但是这种观点已经过时,无法跟上时代,过去大家总是认为个体灵魂依赖一个精神世界系统。他们不可能不这么做,因为他们意识到在个体短暂意识的阈下隐藏着无数宝贵的经验。他们在过去不仅对精神世界系统提出了假设,还认为这个系统是一个具有意志和意识的存在,甚至是一个人,这个存在可以称为上帝,即现实中的典范。对他们来说,上帝是最真实的存在,是原动力,只有通过上帝,才有可能理解灵魂。这种假设在心理学上是有理由的,因为与人类的经验相比,那种几乎是不朽的存在的经验几乎是永恒的,将其称为神圣是恰当的。

在前面,我们已经展示了对于一种不是基于物质因素解释一切的心理学所面临的问题所在,而是诉诸一个精神世界,其活跃原则既非物质及其特性,也非任何能量状态,而是上帝。在这个关头,我们可能会被现代哲学所诱惑,将能量或生命的活力称为上帝,从而将精神和自然融为一体。只要我们把这项任务局限于思辨哲学的高度之内,就不会造成太大的伤害。但如果我们在较低级的实用心理学领域使用这一理念,即我们的解释方式在日常行为中结出果实的领域,我们会发现自己将陷入无望的困境。我们不追求迎合学术品位的心理学,也不寻求与生活无关的心理解释。我们想要的是一种实用的心理学,产生让群众满意认可的结果——一种帮助我们以患者的福祉为优先依据并且合理解释事物的心理学。在实用的心理治疗中,我们努力使患者适应生活,而且不会创立一些与患者无关甚至可能伤害患者的理论。这里我们遇到了一个常常伴随着致命危险的问题——我们是基于物质还是精神来解释事物。我们绝不能忘记,从自然主义的立场看,一切精神都是幻觉,为了确保自身的存在,精神必须经常否认和克服一个突兀的物质事实。如果我只认可自然主义价值,并用物质名词解释一切,我将贬低、阻碍甚至破坏患者的精神发展。如果我仅仅坚持精神解释,那么我将误解并伤害自然人作为一个物质存在的权利。在心理治疗过程中,不少自杀案件应归咎于此类错误。能量是不是上帝,或上帝是不是能量,对我来说并不重要,因为无论如何,我怎么能知道这些事情呢?但心理学可以提供合适的解释,这是我必须能够做到的。

第九章 分析心理学的基本假设

现代心理学家既不坚持这一立场,也不坚持那一立场,而是发现自己处于两者之间,危险地承诺"这也好,那也行",这种情况为肤浅的机会主义大开方便之门。这毫无疑问是一种对立统一的危险——从对立中得到知识的解放的危险。除了无形的、毫无目标的不确定性,从给予矛盾假设相同价值中还能得到什么?与此相对,我们可以很容易地理解解释原则的优点。它允许存在一个可以作为参照的立场来解释。毫无疑问,我们在此面临着一个非常困难的问题。我们必须遵循建立在现实基础上的解释原则,然而,对现代心理学家来说,一旦他给予精神层面应有的重视,就不再可能只相信现实的物质方面。他也无法单单重视精神方面,因为他不能忽视物质解释的相对正确性。

以下的思考过程展示了我尝试解决这个问题的方式。自然与心理的冲突本身就反映了人的思维存在中包含的悖论。这揭示了物质和精神这两个方面,只要我们无法理解思维生活的本质,这两个方面看起来就是矛盾的。每当我们凭借人类的理解力来评论一些我们尚未把握或无法把握的事物时,如果我们诚实,就必须否定自己,还必须把它的对立面挖掘出来,这样才能做出全面的评论。物质和精神方面的冲突只表明思维在最后一步是一个无法理解的东西。毫无疑问,心理事件构成了我们唯一的、直接的经验。我经历的一切都是心理的。即使是身体的疼痛,也是一个心理事件,属于我的经验。我们的感官印象,虽然它们强加在我身上的是一个由占据空间却难以理解的事物构成的世界,即心理意象,但只有这些心理意象才是我们的直接经验,因为只有它们才是意识的直接知觉对象。我们自己的心理甚至会篡改和歪曲现实,而且篡改和歪曲的程度十分严重,以至于我们必须采用人为手段,以确定事物的真相是否真如我所见。然后我就发现,一个音调在空气里以如此的频率振动,或者一个颜色其实就是不同波长的光线。这样一来,我们其实被心理意象所包围,以至于我们无法深入认识自身之外的事物的本质。我们所有的知识都被思维所限制,因为思维是唯一直接的,所以它是最高程度的真实。在这里,有一个心理学家可以诉诸的现实,也就是心理现实。

如果我们更深入地理解这个概念的含义,我们似乎会认为某些心理内容或影像源于我们的身体属于的物质环境,其他一些同样真实的影像似乎来自一个看起来与物质环境非常不同的心理源头。无论我是在想象我想买的车,还是试图想象我已故父亲的灵魂现在处于一个什么状态;无论我关注的是一个外部事实还是一个想法,这两种事件都是心理现实。唯一的区别是,一种心理事件指的是物质世界,另一种指的是精神世界。如果我以一种方式改变我的现实概念,承认所有的心理事件都是真实的,没有其他的使用概念是有效的,这就结束了物质和思维作为矛盾的解释原则的冲突。每一种都只是对涌入我的意识领域的心理内容特定来源的一个简单的标签。如果火烧伤了我,我不会质疑火的真实性;而如果我被恐惧困扰,担心出现鬼魂,就会以"这只是幻觉"为由安慰自己。但是,火就像一个物质过程的心理意象,其本质是未知的,所以我对鬼的恐惧是一种心理意象。它和火一样真实,因为我的恐惧和火焰造成的疼痛一样真实。至于最终潜在于我对鬼的恐惧之后的心理过程——它对我来说是未知的,就像物质的最终本质一样。就像我从不想通过化学和物质的概念来解释火的本质一样,我也只想用心理过程来解释我对鬼的恐惧。

所有直接经验在本质上都是心理性的,我们直接感受到的现实同样是心理性的。这就解释了为什么古人会将鬼魂的存在、巫术的效力和物理事件混为一体。他还没有把自己对自然的直观体验分割成相互对立的部分。在他看来,精神世界和物质世界是相互渗透的,他的神在森林和田野中自由行走。他如同半途而废的孩童徘徊在自己的心理世界和现实世界的边缘,这个世界还未被初显的理智所扭曲。当原始世界分裂成精神与自然时,西方选择了自然,倾向信仰自然,努力使自己精神化。东方则将思维视为自我存在的表达,将物质视作幻觉,即使在困苦中,也仍旧追求美好梦想。但地球是唯一的,人类是统一的,东西方不能把人类一分为二。心理的现实在其原始的统一性中存在,等待着人类达到一种新的意识层面,不是偏信其一、否定其二,而是意识到两者都是不可或缺的心理现实的一部分。

我们完全有理由认为,心理现实的概念是现代心理学的重要成就之一,虽然它至今仍未得到应有的重视。我相信,这个概念被广泛认可只是时间问题。它的接受势在必行,因为只有通过这个概念,我们才能公平地理解和评价心理现象的丰富多样性和独特性。没有这个概念，我们无法避免以一种对其中大部分事件用暴力解释的方式解释我们的心理体验，但有了这个概念，我们可以赋予那些表现为迷信和神话、宗教和哲学的心理体验应有的价值。这个方面的心理生活不应被低估。凭借感官证据的真理可能会满足理性，但它没有提供任何激发我们感情并通过赋予人生意义来表达它们的东西。然而，在善与恶的问题上，感觉往往是决定性的，如果情感不来帮助理智，后者通常就无能为力。理性和善意是否曾把我们从世界大战中拯救出来？或者它们是否曾经拯救我们免于任何其他灾难性的荒唐行为？是否有伟大的精神和社会革命是由推理而产生的？例如，从古希腊—罗马世界进入封建时代，或者是伊斯兰文化的迅速传播带来的一些社会变革。

作为一名医生，我关注的并非世界大事，而是挽救生命、治疗病痛。直到不久前，医学界普遍持有一种观点：疾病应当被独立诊断和治疗。然而，现在越来越多的人开始质疑这一观念，他们认为医生的任务应该是治疗病人而非仅仅治疗疾病。当涉及心理疼痛的治疗时，我们同样听到了相似的声音。我们的关注点正从单一的心理疾病转变为对特定患者的整体治疗。我们开始明白，心理的痛苦并不仅仅是一个局部或清晰界定的问题，而是整个人格错误态度的反映。因此，我们不能期待仅仅针对症状的治疗能够让患者彻底康复，而必须朝着对整个人格的治疗努力。这种方法不仅涉及疾病的物理症状，还包括患者的心理状态、情感体验和生活方式。通过这种全面的治疗方式,我们更有可能帮助患者达到真正的康复,不仅仅是疾病的缓解,而是整个人的健康和幸福。

有一个案例让我深有感触。一个非常聪明的年轻人自学了很多医学知识,试图分析自己的心理问题。他甚至写了一份像专业论文一样的报告,希望通过这份报告找到治愈自己的方法,并希望我给他一些建议。他的论文写得非常好,如果单从理论上看,他似乎真正找到了自己问题的原因。但奇怪的是,他的心理问题并没有得到解决。我读了他的论文后,开始怀疑,也许问题不在于他的理论,而是他对生活的态度有某种根本错误。我了解到这个年轻人经常在圣莫里茨(St.Moritz)或尼斯(Nice)过冬度假。于是我就问他,这些钱都是谁出的,结果他说是一个深爱他的贫穷女教师出的。她为了支出这笔年轻人的旅行费用,无情地克扣自己的日常开销。这位年轻人似乎对此毫无愧疚,这恰恰是他心理问题的关键所在。他认为,只要用科学的方法处理问题,就能解决一切,甚至试图用这种方法来忽视自己的不道德行为。但他忽略了一个重要的事实:心理健康不仅仅与科学理论有关,也与我们的道德观和生活态度紧密相连。这个案例提醒我们,心理健康的探索不应只局限于科学理论,还应关注人内心深处的道德和情感问题。他却有不同看法,认为我看待问题的方法很不科学,因为科学和道德没有关系。在他看来,通过科学完全可以摆脱这种自己都无法解脱的负罪感。不久之后,他甚至自己都不太愿意提起这件事了,因为在他看来，周瑜打黄盖，这种事情本来就是你情我愿，互不拖欠。

无论我们选择采取什么科学立场，一个事实始终存在，绝大多数文明人完全不能容忍这样的行为。道德态度是生活中的一个真实因素，心理学家必须考虑到这一点，否则他可能会犯下严重错误。心理学家还必须记住，对许多人来说，举头三尺有神明，有些宗教信念并非建立在理性的基础之上，但对很多人来说，正确的三观是生活中不可或缺的。这再次涉及能引起和治愈疾病的心理现实讨论。多少次我听到病人惊呼："如果我早知道我的生活也有意义和目标，我的精神心理就不会出现这种愚蠢的毛病了！"无论这个人是富人还是穷人，有没有家庭和社会地位，这些都无足轻重，因为外部环境远不能赋予他生活的意义。更多的是他对我们称之为精神生活的无理需求，而他无法从大学、图书馆甚至教堂那里得到。他不能接受这些地方所提供的东西，因为它只能触动他的头脑，而不能打动他的内心。在这种情况下，医生对精神因素的真实认识至关重要，病人的潜意识通过产生无可否认具有宗教色彩的梦境来帮助患者满足自己的需要。如果不承认这些心理内容来源于精神，就意味着心理治疗的失败。

在研究心理学时，我们不能忽视一个基本事实：精神的本质是我们心理生活的重要组成部分。无论是哪个民族，只要其意识发展到一定程度，能够清晰地表达自己，我们都可以在其文化中发现这种精神概念。因此，当一个文明的人开始忽视或否认这些精神概念时,这可能是一种退化堕落的标志。虽然到目前为止心理学主要是用物质的因果关系来解释心理过程,但它未来的任务将是探索那些决定心理过程的精神因素。我们可以把现在的心理学比作13世纪的自然科学。就像那时的自然科学刚开始发展一样,心理学也只是刚开始从科学的角度认真对待我们的精神体验。这是一个全新的领域,我们才刚刚开始探索。

如果夸夸其谈地认为现代心理学已经揭示了人类心灵深处的所有秘密,那么我们实际上只是触及了冰山一角,特别是在生物学相关的知识方面。这与16世纪初步探索人体解剖的医学状况类似,那时对生理学的了解还非常有限。目前,我们对心理学中的精神层面也只是略知一二。我们明白心理学领域内,某些过程受到精神因素的影响,如原始部落的成年礼或练习印度瑜伽的体验。但对这些过程的联系和规律,我们尚未能完全理解。我们知道,许多神经症问题都源于这些精神过程的异常。心理学领域仍充满了未知,人类心理是一个巨大的未解之谜,隐藏着无数秘密。可以说,心理学目前还未能揭开全部面纱。我们正处于不断探索的过程中,期待未来能有更多发现,揭示更多关于人类心理的奥秘。

第十章
现代人的精神问题[1]

　　现代人面临的精神挑战与我们当前生活状态紧密相连，以至我们难以作任何公平的评价。现代人代表一种新的人类存在形态。现代问题则是新近浮现的议题，其答案在未来等待我们发现。因此，在探讨现代人的精神问题时，我们能做的最多就是提出一个问题——如果我们对可能的答案有丝毫预见，我们或许会选择不同的措辞来表达这一问题。此外，虽然这个问题看起来模糊不清，但它实际上触及的是普遍的事物，以至于超出了任何个人的理解能力。因此，我们有足够的理由以谨慎和适度来面对这样的问题。我对此深信不疑，并且更加强调这一点，因为这类问题最容易促使我们使用夸大其词的表达，而我自己也可能不得不发表一些听起来过于冒进或不谨慎的言论。

---

[1] 自本书最初以德文发表以来，译者对其进行了一些修改。（译者注）

第十章 现代人的精神问题

在我们揭开现代心理之谜的序幕之前,让我先绘制一幅稍显大胆并可能缺乏先前提及的那份谨慎的画面。我们此处所说的"现代人"并非泛泛之辈,他们是那些深刻意识到时代脉动的先知先觉者。他们好似站立在高山之巅,或者守望在世界的边缘,面前是未来未知的深渊,头顶是广阔无垠的星空,脚下则铺展着人类历史的华丽画卷,而那遥远的古老迷雾在他们眼中已逐渐消散。真正的现代人就像稀世珍宝一样难得一见。他们不仅仅是生活在当下,还是以一种超然的意识存在,深刻感知着每一个瞬间。完全投身于当下,意味着拥有一种深邃、广博的意识,一个几乎将无意识的影响压缩至最微弱的存在状态。我们必须清醒地认识到,单纯的生活在现代并不能定义一个人为现代人。如果这是标准,那么所有活着的灵魂都可被冠以"现代人"的名号。然而,唯有那些能够洞察当下、深刻理解自我在时代中的位置的人才可以真正被称为现代人。这样的人是如此稀有,因为达到这一境界,不仅仅需要时间,更需要一颗深邃、全面觉醒的心。

那些真正能够被称为"现代人"的人往往是孤独的存在。他们之所以孤独,是因为他们为了更深刻地理解和感知当下必须迈出的每一步都在无形中将他们从大众所共有的"神秘参与"中拉远,不再沉浸在人们普遍的无意识状态中。他们的前进意味着与那种几乎包容整个人类的原始无意识状态的逐步割裂。即便是在现代文明社会中,从心理学的视角看,处于社会底层的人们几乎如同原始人般生活在无意识之中。而稍微高出底层的人,他们的意识水平大概相当于人类文化初期的状态。只有那些站在社会顶层的人，才能赶上过去几个世纪以来的生活节奏。但唯独我们所说的现代人，才是真正生活在当下的人。这样的现代人拥有对当前时刻的深刻意识，他们发现那些适合底层人群的生活方式变得枯燥乏味。除非从历史的视角来审视，否则过去世界的价值观和奋斗故事已经无法激起他们的兴趣。因此，这样的人成了真正的"非历史性"人物，一个与完全生活在传统中的大众格格不入的人。确实，只有那些走到了世界的边缘，抛弃了所有落后于时代或超越时代的东西，承认面前是一片未知的虚无，相信一切新事物都可能从这片虚无中孕育而生的人，才能被称为真正的现代人。

这些言论很可能会遭到人们的批评，认为只是无关紧要的抱怨，而其所蕴含的深刻意义也被轻易地归纳为陈腐的话语。确实，要表达对当下时代的清醒认识看似比任何事情都简单。但在现实中，有许多人通过忽略成长过程中应经历的各种阶段及其象征的生命挑战，自诩为拥抱现代性的先锋。这些人仿佛是从地底突然冒出的无根之草，他们就像是夜行的吸血鬼，虚无缥缈，他们的空虚和孤独被错误地理解为现代人所特有的不幸境遇，这种误解反过来又给他们的声誉带来了不必要的负面影响。他和他那少数真正理解现代性质的同伴，被那群幽灵般的伪现代人所遮蔽，使得他们在那些缺乏辨识能力的大众视野中变得隐形。似乎这是他们无法逃避的宿命；那些自认为是"现代人"的个体不论在历史的长河中，还是在当下，总是处于被质疑的境地。这种质疑不仅来源于外界的不理解，也源自对"现代性"这一概念本身的深刻反思和探讨。在这个时代，每个人都可能自称为现代人，但真正能够理解并承担现代性带来的责任和孤独的只有寥寥数人。这些人不仅仅是时间的旅人，更是在探索和定义什么是真正的现代性的过程中勇敢地面对自我和时代的挑战者。

为了成为一个真正的现代人，我们必须勇敢地面对一个艰难的选择：放弃历史赋予我们的荣耀和认可，勇敢地迈向一个全新的生活方式。这不仅仅是一种物质上的贫穷和精神上的贞洁，更是一种心理上的超越。我们像普罗米修斯一样，背负着对传统的挑战和对未知的探索，这种勇气似乎让我们生活在罪恶之中。但实际上，只有当我们打破过去的桎梏，才能真正理解和拥抱现在，才能在现代世界中找到我们的位置。这不是一条容易的路。它要求我们不再是普通人，而是要成为有卓越才能和思想的人。我们需要努力做到比别人更优秀，取得更多的成就。这些努力和成就最终将引领我们达到意识的最高层次，获得对现实的深刻理解。在这个过程中，我们不仅仅是在追求个人的成功，更是在为了形成一个更加深邃和丰富的内心世界而奋斗。

我深知，对那些伪装成现代人的人而言，能力突出这一概念尤其令人反感，因为它无情地揭露了他们的欺诈本质。尽管如此，这并不能阻止我们以此作为衡量现代人的关键标准。实际上，我们这么做也有苦衷，因为如果一个人不具备较强的能力，那么自诩为现代人的他不过是个肆无忌惮的赌徒。他必须在最高层次上达到精通，除非他能用创造性才华弥补与传统的脱节，否则他仅仅是把对过去的否认看作与现在的觉醒相等，无非是在玩弄文字游戏。"今天"屹立在"昨天"和"明天"之间，它是过去与未来的桥梁，它的意义仅此而已。"现在"（present）这一概念不仅仅是时间的一个切片，更是一个持续变化和过渡的过程。在这个过程中，过去与未来交织，创造了一个充满可能性的时刻。真正意义上的现代人是那些能够认识到这一点的人。

很多人自诩为现代人，特别是那些伪装成现代派的人。因此，真正的现代人往往藏身于自称保守的人群中。他这样做有充分的理由：一方面，通过强调过去，他试图弥补自己与传统之间的断裂，以及消除罪恶感；另一方面，他希望避免被误认为是伪现代派的人。

每一个美好的品质都可能隐藏着阴暗面。这是一个让人深感痛苦的真理：世上没有纯粹的善事，善举总伴随着潜在的恶果。这种现象反映了一个深刻的问题：对现实的清醒认识可能会引发一种基于幻觉的欢愉，那就是认为我们是人类历史的顶峰，是无数世纪努力的最终成果。然而，如果我们接受这种想法，就必须同时认识到这不过是一种自我安慰，是对我们时代失望和希望破灭的一种承认。回顾近两千年的基督教理想，我们期待着救世主的再次降临和天国的千年盛世。然而，现实是基督教国家间的世界大战、铁丝网和毒气的战争。这不仅是对天堂的期望的嘲讽，也是地上和平理想的崩溃。这样的历史给我们的教训是深刻的：即使是最崇高的理想，也可能带来意料之外的灾难和痛苦。

面对这样的现实，我们或许会变得更加谦卑。确实，现代人可以被视为一个历史的高峰，但随着时间的推移，今天的巅峰明天可能就会被超越。我们是几个世纪发展的产物，但我们也看到了这个过程对人类希望的破坏和对理想的失望。现代人已经开始意识到，科学、技术和组织化带来的巨大利益背后隐藏着可能导致灾难的风险。政府在追求和平的过程中采取的"备战以促和"的策略，最终差点导致整个欧洲的分裂和毁灭。即便是诸如国际民主这样的理想和信念，也都未能经受住战争的考验，也就是现实的考验。如今，战后十五年，我们再次看到相似的乐观主义、组织架构、政治抱负和口号标语的流行。这些是否会再次不可避免地导致灾难，我们怎能不感到忧虑？我们对所有旨在禁止战争的协议持怀疑态度，即便我们希望它们能够成功。总的来说，现代人经历了巨大的打击，从心理学的角度看，这使他们陷入了深刻的不确定性中，这并不是夸张的说法。我们面对的是一种深层次的心理挣扎，我们对现实的理解和对未来的期待之间存在着巨大的矛盾。

我是一名医生，这个身份让我总以专业视角看待问题。医生的工作是诊断疾病，但一个好的医生也知道不该随便判断不存在的病情。所以，虽然我是医生，但我不会轻易说所有的西方人都有某种病，也不会轻率地认为西方世界快要崩溃了。毕竟我没有足够的理由和资格去做这样的判断。

我对现代人精神问题的理解，主要基于我自己以及与他人交流的经验。我有机会深入了解来自文明世界各个角落、受过教育的人们（无论患者还是健康人士）的内心世界。我的看法正是基于这些经历而形成的。无疑我所能勾勒的只是局部的画面，因为我所观察到的是发生在我们内心的心理事件，可以说这些都发生在我们的"内部"。我必须强调并非所有心理生活都是内向的，并不是在所有情况下心灵都寻求内在。有些时代或文化，完全不考虑心理生活，心灵的表达可以完全是外向的。以古代文化为例，尤其是埃及文化，它以其显著的客观性和对未犯罪行的纯真忏悔[①]而著称。我们不能把金字塔或埃皮斯神牛墓仅仅看作情感的体现，就像我们不能将个人的情感体验直接关联到巴赫（Bach）的音乐上一样。

每当建立了一个外在形式，无论是仪式还是精神方面的形式，只要能够充分表达灵魂的渴望和希望，就像某些现有的宗教中那样，我们就可以说这是人心理的外观。严格来说，不存在精神问题。与这一事实相一致的是，心理学的发展完全是在最近几十年，尽管早在此之前，人类就已经足够内省和聪明，能够识别心理学涉及的事实。技术知识也是如此。罗马人熟悉所有机械原理和物理事实，基于这些，他们本可以制造出蒸汽机，但最终只造出了亚历山大里亚的希罗（Hero of Alexandria）手中的一个玩具。这是因为当时没有更进一步的迫切需要。正是19世纪的劳动分工和专业化促使了应用所有可用知识的需求。同样，我们时代的精神需求

[①] 根据埃及传统，当死者在冥界遇到他的审判者时，他会详细地承认他没有犯过的罪行，却不提及他实际上犯下的罪孽。（译者注）

也产生了我们对心理学的"发现"。当然，从来没有一个时代是心理学没有表现出来的，但以前它并未引起注意——没有人注意到它。人们在不理会它的情况下也能生活得很好。但今天，我们已经不能再这样生活下去了，必须全力以赴地研究心理的动向。

在现代社会，我们发现心理学逐渐成为探索个体内在世界的重要工具。这一转变起初被医疗界注意到。牧师和宗教领袖关注的是在既定信仰体系内维持心灵的平静。只要这些信仰能真实地反映生活实际，心理学就仅仅被视为健康生活的辅助手段，而非一个独立的问题领域。在过去，当人们还生活在社群中时，他们往往没有所谓的"个人精神世界"。人们不需要个人化的精神追求，只需要像其他人一样信仰灵魂的永恒即可。然而，当一个人跨越了出生地的宗教界限，当这些宗教信仰无法完全涵盖他的生活体验时，心理便成了一个独立存在的领域。这个领域无法仅靠教会的教义来解决。正因如此，我们今天拥有了一门基于实证经验的心理学，而不是仅仅建立在信条或哲学假设之上的学科。这种现代心理学的出现，实际上是一个时代精神生活剧烈变动的标志。一个时代的精神分裂模式与个体经历巨变的模式是相似的。只有在一切顺利发展且心理能量得到合理有效的利用时，我们才能避免内心的混乱；否则，不确定性和怀疑会缠绕我们，使我们陷入分裂的困境。但是，当心理活动的某些途径受到阻碍时，我们就像一条被拦截的河流，水流不得不逆流而上。此时，我们内心深处渴望的东西与外在世界中的自我发生冲突，从而导致我们与自己的内心斗争。正是在这种痛苦的时刻，我们开始真正意识到心理的存在，意识到那些阻碍我们意志的外在力量，它们似乎对我们很陌生，甚至充满敌意，与我们的意识观点不相容。弗洛伊德在精神分析领域的探索最能体现这一过程。他首先揭示了性变态和犯罪幻想的存在，这些看似与文明人的自我意识完全不符的现象。那些受到这类性变态和犯罪幻想驱动的人通常被视为反叛者、罪犯或精神残疾者。而这些看似不合理的现象为我们探索更深层次的心理世界提供了窗口。

在探索心理学的过程中，我们必须认识到，无意识和人类心灵深处的力量并非新现象。实际上，这些元素在各种文化中可能自古以来就存在。每种文化都可能孕育出与其对立的破坏性元素。但不同于以往的文明，我们这个时代被迫去深入研究这些心理的潜流。在过去，心理生活总是被融入某种形而上学的体系。现代的人类尽管付出了巨大的努力，但最终也不得不承认心理力量的巨大影响。这种认识让我们的时代与其他所有时代显得截然不同。我们不再否认无意识的激流是一种有效的力量，但这种力量不符合我们理性世界的既有秩序，至少在当前是如此。我们甚至将对这些力量的研究提升到了科学的高度，这进一步证明了我们对这些力量的深切关注。在过去的世纪里，这些心理现象可能被人们忽视，未受到足够的重视。但对于当代的我们来说，这些现象就像内萨斯的衬衫（a shirt of Nessus）① 一样，既难以摆脱，也难以忽视。

第一次世界大战带来的灾难性后果在我们的内心世界中引发了一场意识观念的革命，这表现为对自我及其价值信念的怀疑和重新审视。我们过去常常把外国人（对手）视为政治和道德方面的堕落者。但现代人开始被迫意识到，在政治和道德方面，自己与其他人并无本质区别。尽管我曾认为呼吁他人改正是我的神圣职责，但现在我认识到自己同样需要被纠正。我之所以更愿意接受这一点，是因为我清楚地意识到，我正逐渐失去对世界能够理性组织的信心，那个关于由和平与和谐统治的千年王国的旧梦已经变得模糊不清。现代人对所有这些事物的怀疑不仅冷却了自己对政治和世界改革的热情，更重要的是阻碍了心理能量平稳地向外界投入。通过怀疑，现代人被迫回归自我，他的能量回到源头，并将那些一直隐藏于心里的内容冲刷到表面——只有当心灵的河流平静时，这些内容才会被隐藏。与中世纪人的世界观形成鲜明对比，对他们来说，地球永远是宇宙的中心，静止不动，被一个温暖的太阳所环绕。所有人都生活在上帝慈爱的关怀之下，为永恒的幸福做准备；每个人都确切知道自己应当作什么以及如何行动，以在这个腐败的世界中不朽而幸福地生活。对我们来说，这样的生活即使在梦中也变得不再真实。

---

① a shirt of Nessus：这个比喻源自希腊神话中的内萨斯衬衫，它象征着一种无法摆脱的困境或痛苦。如同这件诅咒的衬衫，无意识和心理深层的力量紧紧缠绕着现代人的精神世界，成为现代人无法逃避的部分。

自然科学已经撕碎了这个美丽的幻象。那个时代仿佛遥远的童年，当时我们坚信自己的父亲是世界上最英俊、最强壮的人。

现代人失去了中世纪时期同胞们所具有的那种形而上学上的确定性。作为替代品，他们总寄希望于物质保障、公共福利和人道主义理念。然而，维持这些理想所需的乐观主义并不是一件容易的事。现代人逐渐意识到，每一步物质进步似乎都潜藏着更大的灾难性风险，这种潜在的威胁让人不寒而栗。设想一下，现代城市已经做好了防御毒气袭击的准备，并定期进行相关演习。这样的准备和演习暗示着毒气袭击的可能性不仅存在于某个计划中，还可能已经有了应对的准备。这似乎再次印证了"在和平时期准备战争"的原则。这一现象揭示了一个更深层的心理现实：当积累了足够多的毁灭性材料时，我们内心深处的某种力量似乎会推动这些材料完成它们的破坏性宿命。这就像是一个普遍的心理规律：一旦武器积累到一定数量，它们仿佛会自动触发爆炸。这不仅仅是一个物理现象，还反映了心理动态。这一观察提醒我们，现代人面临的挑战不仅包括物质或技术层面的挑战，更多的是心理和精神层面的挑战。我们所面对的不只是外在世界的威胁，更重要的是我们内心深处未被解决的冲突和问题。只有当我们意识到并处理这些内在的心理问题时，我们才能找到一条更和谐、可持续的未来发展之路。

赫拉克利特提出的"向对立面转化"（enantiodromia）法则指出，世界上存在一种控制盲目偶然事件的规律，即事物最终会转化成其对立面。这个古老的思想对现代人产生了深远的影响，尤其是当他们意识到自己生活中那些可怕力量的存在时。这种认识使人们对社会和政治措施的有效性失去信心。在这个盲目的世界里，建设与毁灭不断交替进行。如果现代人选择避免面对这种可怕的现实，而将目光转向自己的内心深处，他们将发现那里充满了想要忽视的混乱和黑暗。这种发现是震撼的，因为它揭示了内心深处未解决的冲突和问题。更重要的是，科学的发展甚至摧毁了我们内心生活的避难所。过去，这个内心世界曾是我们避风的港湾，是我们逃避外部世界纷扰的安全之地。但现在，随着科学的不断进步，这个避难所也变成了一个充满不确定性和恐惧的地方。我们发现，即使是最私密的内心世界也无法逃避外部世界的影响，也充满了无法预测的变数和未知的危险。

然而，我们几乎为在自己心里发现如此多的邪恶而感到松了一口气。至少我们能相信，我们发现了人类邪恶的根源。尽管起初我们感到震惊和幻灭，但我们仍然感觉，因为这些事物是我们自己心理的体现，我们或多或少能够掌控它们，因此能够纠正或至少有效地抑制它们。我们愿意假设，如果我们在这方面取得成功，就能够根除世界上一部分邪恶。我们认为，基于对无意识及其运作方式的广泛了解，任何人都不会被一个不自知其恶劣动机的政治家欺骗，连报纸都会指出他的错误："请去医院看病做心理分析吧，你有一种被压抑的恋父情结。"

我特意选择了这个荒诞的例子，以展示我们因为一种错觉而导致的荒谬之处，那就是认为因为某物是心理的，它就处于我们的控制之下。然而，确实有许多世界上的邪恶是因为人类普遍处于一种绝望的无意识状态，随着洞察力的增加，我们能够在自身源头上抗击这种邪恶。科学能够使我们处理外在造成的伤害，帮助我们解决内部产生的问题。

在过去的二十年中，心理学作为一个领域在全球范围内迅速受到重视，这无疑反映了现代人在一定程度上已经开始从外在的物质世界转向探索自己的内在心理过程。这种转变仅仅出于好奇吗？无论怎样，艺术一直以来都能预见到人类根本观念的未来变化，表现主义艺术就是在更广泛的社会变革之前，率先采纳了这种向内的、主观的视角。

当前对心理学的浓厚兴趣显露出人们在追求一些外部世界无法提供的东西，这些恰恰是我们的宗教传统应该覆盖但未能触及的领域，至少对现代人来说是这样。对许多现代人而言，传统的宗教形式似乎已经不再能触及内心深处的真实感受——它们不再反映个人的心理生活；在他们眼中，宗教似乎变成了仅仅属于外部世界的东西。他们发现自己无法从现有的宗教信仰中得到那种超越世俗的精神启迪。在尝试了不同的宗教和信仰体系后，就像挑选周日的盛装一样，他们最终又像丢弃不再适用的旧衣一样抛弃了这些尝试。这反映了一个更深层的心理需求和探索：人们在寻找一种能与他们的内心世界共鸣并提供深层精神满足的信仰或理念。

不知何故，现代人对无意识心理的那些近乎病态的表现产生了浓厚的兴趣。我们不得不承认，尽管理解那些曾被时代遗弃的事物颇具挑战,但是它们再次引起了我们的关注。这种对心理现象的广泛兴趣影响了人们的品位,即便这种兴趣有时可能显得不够高雅。我所指的不仅仅是对心理学作为一门科学的兴趣,也不限于对弗洛伊德的精神分析学的研究,还涵盖对各类心理现象的广泛关注,包括唯灵论、占星术、神智学等。自 17 世纪末以来,这些现象就再未如此频繁地出现过。我们可以将这种现代精神潮流与诺斯替教(Gnostic)思想的繁荣相提并论。事实上,当前的精神趋势与诺斯替教有相似之处。在今天的法国甚至有诺斯替教的教堂,而德国有两个教派的成员公开宣称自己是诺斯替教信徒。就数量而言,最令人印象深刻的现代运动无疑是神智学及其在欧洲大陆的姊妹学派灵智学,它们实际上是以印度教外衣包装的诺斯替教思想。与这些运动相比,对科学心理学的兴趣几乎可以忽略不计。诺斯替教体系最吸引人的地方在于,它完全建立在无意识的表现之上,其道德教义直面生活中的阴暗面。这种特质不仅仅体现在欧洲的文艺复兴时期,在印度的昆达利尼瑜伽(Kundalini Yoga)中也有所体现。任何一个对神秘学有所了解的人都能证明,这一特质同样体现于神秘主义领域。

对这些运动的热切兴趣无疑源自无法再投入过时宗教形式的心理能量。因此,这些运动具有真正的宗教特征,即使它们假装是科学的。当鲁道夫·斯坦纳(Rudolf Steiner)把他的灵智学称为"精神科学"(spiritual science),埃迪夫人(Mrs.Eddy)发现了一门"基督教科学"(Christian

Science），这并没有改变任何事情。这些伪装的尝试只是表明，宗教已经变得可疑，几乎和政治及世界改革一样可疑。

在我看来，相较 19 世纪的人，现代人似乎更加热衷探索心理学领域，他们的这种转向并不是基于传统信条，而是植根于诺斯替教式的宗教经验。这种观点并非夸张。如前所述，唯灵论、占星术和神智学等运动虽然表面试图以科学的姿态出现，但我们不应仅仅看到它们的模仿或伪装。实际上，它们是在追求"科学"或知识，而非传统西方宗教强调的信仰本质。现代人对那些建立在信仰基础上的教条主义持有厌恶态度，也反感那些以教条主义为基础的宗教。他们坚持的是一种观点：只有当这些假设的知识内容与他们对深层心理生活的个人体验相一致时，这些假设才显得合理和有效。他们渴望亲自去了解和体验，而不是盲目接受传统教义。值得注意的是，正如圣保罗教堂的主教英奇（Inge）所指出的那样，甚至英国圣公会这样的传统宗教机构也开始发起类似的运动。这表明即便是在传统宗教内部也存在对这种更深层次、更个人化心理体验的需求和探索。

在我们这个时代，全球探索的时代似乎已经画上句号，地球上已经没有未知之地可供发现。这一时代始于人们不再仅仅满足于想象北极是一个永恒阳光照耀的地方，而是渴望亲眼见证、探索已知世界的边际之外。显然，我们现在的时代更多地致力探索意识之外的心理领域。每个唯灵论者都在探究：当通灵者失去意识时，会发生什么情况？每位神智学者都在追问：在更高的意识层面，我能体验到什么？每位占星家都在思考：如果我的意识升至更高层次，我将会遇见什么？每位占星术士都在询问：在我有意识意图所能及的范围之外，有哪些力量和因素在决定我的命运？每位精神分析师则在探索：是什么无意识的驱力在神经症的背后作怪？

在当下时代，人们更加渴望在心理生活中获得亲身的真实体验，而不是仅仅依赖他人的经验进行猜测和推理。尽管如此，我们仍然可以采用一种假设性的方法来理解这一问题，并尝试通过公认的宗教或科学方法来寻找答案。如果过去的欧洲人有机会深入观察并研究这个问题，他们可能会因这个研究领域的深奥以及对人类智力极高的要求而感到恐惧。想象一下，如果我们对一个天文学家说，300年前的星图在今天可以有至少1000个不同的版本，他可能会感到震惊。同样，如果我们告诉启蒙时代的哲学家和教育倡导者，自古希腊以来，世界从未真正摆脱过迷信，他们可能会感到困惑。弗洛伊德作为精神分析的创始人，用微弱的光芒揭示了人类心里的肮脏、黑暗和邪恶之处。他曾努力阻止人们深入探索这些内心的阴暗面，以免人们陷入其中。然而，他的努力并没有成功，反而激发了人们更强烈的好奇心和探索欲。被禁止的探索不仅没有停止，反而促使人们更加热衷挖掘内心的丑陋和黑暗。这种现象可能让我们惊讶地问：这难道不是一种病态吗？事实上，除非我们理解驱使人们行动的不是对混乱、黑暗、邪恶的迷恋，而是对探索内心世界的强烈好奇和追求，否则我们很难解释这一现象。

毫无疑问，从19世纪初，从法国大革命那些值得纪念的年份开始，人类越来越重视心灵（psyche），对它的关注度增加，正是对它日益增长的吸引力的一种衡量。在巴黎圣母院中对理性女神的加冕似乎对西方世界具有重大意义，有基督教传教士砍伐沃登橡树的含义。因为那时，就像在大革命期间一样，没有来自天堂的惩罚之雷击中亵渎者。

在那个历史的转折点上，一位名为安克蒂尔·杜门阶（Anquetil du Perron）的法国人正处在印度。他在18世纪初期，将一本名为《奥义书》（*Oupnek'hat*）的译本带回了欧洲，这本书又被称为《五十奥义书》。这本书让西方世界第一次对东方深奥的精神世界有了深入的理解。我并不认为这只是一次偶然的事件。从我作为编辑的角度看，这显然满足了心理学的一个规律，这个规律在个体生活领域是通用的：当某一部分的意识生活失去了它的价值和重要性时，人们会在无意识中寻找补偿。我们可以将其看作类似物理学中的能量守恒定律，因为我们的心理过程也有一个量的方面。任何一种心理价值如果没有被同等强度的其他心理价值替代，是不会凭空消失的。这是在心理治疗师的日常实践中反复得到证实的一条规律。因此，我坚信，一个民族的心理生活和个体的心理生活是遵循相同规律的。在这个意义上，我们都是一种无所不包的心理生活的组成部分，我们是一位"最伟大"的人的一部分，就像伊曼纽·史威登堡（Emanuel Swedenborg）所说的那样。因此，心理并非仅属于个人，它源自族群、集体，甚至整个人类。确实，我们可以从更深层次的角度理解我们自己。

第十章 现代人的精神问题

因此，让我们通过一个比喻来阐释：正如一个人在内心深处的黑暗时刻会寻求光明的帮助一样，一个民族的心理生活中也存在类似的过程。当广大群众在激流中试图改变宗教体系时，一种无形却强大的力量开始发挥作用，推动着每个人勇敢地前行。这种力量也深深影响了安克蒂尔·杜门阶，他把东方的思想带到了西方，留下了深刻且持久的影响。安克蒂尔·杜门阶的行动至今仍对我们产生着深远的影响。因此，我们在评估这种文化影响时必须极为谨慎，绝不能低估其重要性。事实上，从欧洲知识界的表面迹象看，这种影响并不明显，只对一些东方学者、少数热衷佛教的人以及一些忧郁的名人 [如布拉瓦茨基夫人（Madame Blavatsky）和安妮·贝赞特（Annie Besant）等] 产生了影响。这些现象让我想到了大海中的一些孤立小岛，但实际上它们更像是庞大冰山中露出水面的一部分。直到最近，一般人仍然认为占星术早已过时，可以毫不顾忌地嘲笑它。但如今，占星术再次从社会深处卷土重来，敲响了大学的大门，而大约300年前，大学已将占星术驱逐出门。东方思想也有类似的情况，它在社会底层悄然生根，然后逐渐崭露头角。多纳赫（Dornach）修建灵智学派的庙宇，总共耗资五六百万瑞士法郎，这笔资金从何而来呢？当然不可能是个别人出资的。遗憾的是，没有确切的统计数据告诉我们，现在有多少人公开信奉神智学，更不用说那些秘密信奉者了。但我们可以确定的是，这一数字绝对不止几百万。此外，还有数百万唯灵论者，他们或多或少地信仰基督教或有神智学的理念。

伟大的社会变革从来不是自上而下实现的，它们总是自下而上地孕育而出，正如树木是从地底生长出来的，而不是从天上掉下来的一样。当然，树木的种子有时候是从空中来的。世界的混乱与我们内心的不安密切相关。在这个一切变得相对化、充斥着怀疑的时代，面对一个充满和平协议、友好协议、民主与专制、资本主义与共产主义等概念的混沌世界，人们急切地寻找答案，希望减轻怀疑和不确定性带来的焦虑。那些处于社会底层的人正顺应着内在的心理动力，开始采取行动。他们往往被忽视，被看作社会的沉默多数，但相比那些名声在外的人物，他们受到的学术偏见要少得多。从高处俯瞰，你会发现这些人正在上演一出枯燥乏味或滑稽可笑的戏剧，但他们像加利利人（Galileans）一样朴实无华。当我们看到人类内心中的混乱之深，甚至需要一本厚厚的词典来容纳其中的废话时，难道不令人感到震惊吗？我们发现，《人类生活百态》详细地记录了最无聊的胡言乱语、最荒谬的行为和最疯狂的幻想，而蔼理士（Havelock Ellis）和弗洛伊德等学者在他们严谨的论文中也讨论了类似的问题，受到了科学界的广泛认可。他们的读者遍布整个白人世界。我们如何解释这种对令人讨厌之物的疯狂崇拜呢？我们可以这样解释：这些令人不悦的事物属于心理领域，它们是心灵中的实体，因此它们就像是从古代废墟中挖掘出来的珍贵手稿碎片。即使是内心生活中的秘密和有害之物，对现代人而言也具有独特的价值，因为它们与他们追求的目标相符。然而，这些目标究竟是什么呢？

弗洛伊德在《梦的解析》(Interpretation of Dreams)一书中引用了一句拉丁语:"Flectere si nequeo superos Acheronta movebo.(如果我无法上闹天宫,我必将下闯地狱)"。但这又有什么意义呢?

那些要被大众打下台的众神实际上就是我们意识世界中那些被当作偶像崇拜的价值观念。正如大家所知,古代神灵臭名昭著的是他们的爱情丑闻。而今天,历史正在重演。人们开始揭示我们所推崇的美德和理想的可疑基础,并为此而欢欣鼓舞:"这就是你们人为创造出来的神灵,他们不过是被人类的阴暗面所感染的陷阱和妄想罢了,就像是装点精致的坟墓里充斥着尸骨和肮脏。"我们听到了一个耳熟的声音,那是一直以来无法真正拥有的福音,又一次响彻了耳边。

我坚信,这些比喻并非无的放矢。对很多人而言,弗洛伊德的心理学理论比福音书更具价值,他们认为俄罗斯式的恐怖主义比公民道德教育更有意义。然而,这些人同样是我们的同胞,我们每个人的内心至少有一个声音在某种程度上支持他们,因为最终存在着一种心灵生活,它将我们所有人统一在一起。

这场精神的巨变所带来的意外后果便是世界被赋予了更加丑陋的面容。它变得如此让人难以向往,以至于我们连自己都无法再去爱慕,最终外在世界再也没有任何事物能够引诱我们离开内心生活的真谛。在这一点上,我们无疑触及了这场精神变迁的核心。归根结底,神智学有因果报应和轮回再生的教义。究其本意,不也正是告诫我们这个表面的世界不过是道德尚未完善之人的暂时避难所吗？它对当代世界看轻，却与现代视角一脉相承；它并未贬损我们的世界，而是仅仅给予了它一种相对的价值，暗示着还有更高层次的世界等待我们探索。不管采取何种视角，最终的结论都是相通的。

必须承认，这些深思熟虑的想法透着一种"非学术"的气息，但它们实质上触摸到了现代人最深层的、几乎不为我们所察觉的内心世界。这真的只是一个巧合吗？在被迫接受爱因斯坦的相对论和对原子结构深刻见解的今天，我们是否已经与宿命论和视觉呈现相隔越来越远？连物理学也似乎将我们的物质实存描绘成了一幅模糊的图画。因此，我认为现代人若是回归精神生活的核心，寻求那些超越外部世界的坚定不移的信心，这一行为其实并不令人惊讶。

但从精神上讲，西方世界的处境岌岌可危，我们越是用灵魂之美的幻觉来蒙蔽自己，对那无情真理视而不见，危险就越大。西方人对自己焚香，而他自己的面庞被烟雾遮蔽。但是我们给其他肤色的人留下了什么印象呢？中国和印度怎么看我们？我们在黑色皮肤人群心中引起了什么样的情感？那些被我们抢夺了土地、用朗姆酒和性病毁灭的印第安人对我们又有什么看法呢？

我交了一位印第安人朋友，他在普韦布洛担任首领。在一次深入的私聊中谈及白人时，他向我透露："我们无法理解白人，他们似乎总在追寻着某事，永远焦虑不安，总是在探求着什么。究竟是什么呢？我们不知道。我们难以捉摸他们。他们鼻梁那么尖，嘴唇那么细且带着冷酷，他们的脸上刻满了沟壑。我们认为，他们似乎都陷入了某种疯狂。"

我的朋友未曾明言，但他已准确地识别出了那位充满无尽征服欲的雅利安捕食者，他在每一片土地上追求统治——即使那些与他毫无瓜葛的地方。他还察觉到了我们的那份自大狂妄，自认为基督教是唯一的真理，自认为白皮肤、蓝眼睛的基督是唯一的救世主，等等。在我们以科技动荡整个东方，从而掠夺其财富之后，我们还将传教士送往中国。在非洲，根除一夫多妻制后让娼妓制度变得流行。以乌干达为例，每年就有两万英镑花费在性病的预防上，更不用提那些极其糟糕的道德后果。而那些心怀善意的欧洲人还为这些"有启示意义的成就"向传教士支付薪水！至于波利尼西亚的苦难以及中国鸦片贸易带来的"福音"，就更不用说了。

一旦欧洲人摘下以自我道德构筑的伪善面具，他的真实面目便毫无掩饰地展现出来。因此，挖掘心灵生活深处的碎片，首要任务便是排干那些充斥瘴气的沼泽。只有弗洛伊德这样的伟大理想家才能毫不犹豫地将一生献给如此污秽而艰巨的探索。我们的心理学便从这里起步。对我们而言，深入了解心灵生活的真谛，唯有从这些令人反感、我们本不愿一见的事物着手。

若我们的心灵仅仅充斥着邪恶与无价值之物，那么在这个世界上，没有任何力量能够使一个正常人装作对其着迷。这便是那些将神智学视为浅薄的知识、将弗洛伊德心理学视作仅仅追求轰动效应之人，预言这些运动将逃脱不了夭折，并且结局不会荣耀。他们忽略了一个关键事实：这些思想之所以有力量，是因为它们激发了人们对心灵生活的深度迷恋。无疑由它们触发的热切兴趣可能会找到新的表达途径，但直至有更加卓越之物出现之前，这种兴趣无疑将以这些形态展现自身。毕竟迷信与畸形无异，它们都是过渡或是孕育中的阶段，预示着新的、更为成熟的形态即将诞生。

从知识、德行或美感的视角看，西方心灵的潜流描绘出的是一幅不太令人向往的画卷。我们为自己构筑了一个雄伟的世界，并以史无前例的热情和努力为之服务。然而，它之所以显得如此壮阔，是因为我们把所有内在的辉煌都耗费在了外在之上，而当我们深入内心时，难免会看到那些简陋且不尽如人意的真相。

我认识到，在这样说时，我略微超越了意识进化的现实步伐。到目前为止，对于心灵生活的这些真相普遍的深刻理解尚未形成。西方人只是在逐渐认识到这些真相的过程中，出于合理的理由展开激烈争论。斯宾格勒（Spengler）的悲观确实施加了一定的影响，但这种影响被安全地局限在学术界内。关于心理洞察，它不可避免地触及个人生活，因此引发了个人的抗拒和否认。我并不认为这些抵抗没有意义；反之，我在其中看到了对破坏性威胁的健康反应。当相对主义成为一项根本且最终的原则时，它便带有破坏性。因此，我揭示心灵深处的阴暗潜流并不是要播下悲观的种子，而是想要突出一个事实：无意识不仅对病患有强烈的吸引力，对健康、具有建设性思维的人同样充满了吸引力，即便它的外表

第十章 现代人的精神问题 223

令人忧心忡忡。心灵的深层是大自然，而大自然本身就是创生的生命。虽然自然会毁灭自己所创造的，但也会再度建立。即使现代相对主义摧毁了世界中许多有价值的东西，心灵也将重新创造出它们的等价物。起初，我们的视线可能仅限于通往黑暗的道路、令人畏惧之物，但那些无法承受这种视觉的人永远不会见证光明或美丽的诞生。光明永远源自黑暗，太阳也从未为了满足人的渴求或平息人的恐惧而在天空中停滞不前。安克蒂尔·杜门阶的例子不正向我们展示了，即使在遭遇自我黯淡之后，心灵生活依旧能够存续？中国几乎不会认为欧洲的科学和技术正在铺就其毁灭之路。那么，我们又何必坚信，我们将被东方的神秘精神力量所消解呢？

忘记提了，我们一直都没有意识到，当我们在改变东方的物质世界时，东方的思想也正在悄然改变我们的精神世界。我们往往忽视一种可能性，那就是在我们试图从外部"征服"东方时，东方的思想可能正在从内部深深地影响着我们。这个观点可能有些让人惊讶，因为我们往往只看到肉眼所及的物质联系，而无法看到东方思想如何在我们的社会中产生深远影响。我们可能没意识到我们社会中知识混乱的状况与马克斯·缪勒（Max Müller）、奥登伯格（Oldenberg）、诺伊曼（Neumann）、多伊森（Deussen）、威廉（Will）等人的工作有关，他们为我们介绍和解释东方的思想。我们可以从历史中找到支持这一观点的例子。罗马帝国在征服了小亚细亚之后，自身文化被亚洲化了，这种影响延续到今天的欧洲。从西里西亚传来的密斯拉神崇拜（密斯拉神崇拜是罗马军队的宗教）流传至今。甚至，我们的基督教也起源于亚洲。这一切都在提醒我们，文化和思想交流的影响并不局限于物质领域，还拓展到了精神和思想层面。

我们还未完全领悟到，西方的神智学其实只不过是对东方智慧的浅尝辄止式模仿。我们才刚刚重拾对占星术的兴趣，而对东方人来说，这是他们日常生活的一环。我们在奥地利和英国开展的性生活研究，在这方面已被印度的教义所超越。拥有上千年历史的东方典籍为我们提供了哲学相对主义的研究视野，其不确定性（indetermination）的理念虽然在西方才刚开始被提出，却已是中国科学的基础。卫礼贤（Wilhelm）还向我展示了，分析心理学所发现的某些复杂机制在古代中国文献中已被清晰描述。心理分析及其衍生的思考路径——尽管是西方特有的进展——与东方悠久的艺术相比，仅是一种初级尝试。值得一提的是，奥斯卡·施米茨（Oskar Schmitz）已经勾勒出了心理分析与瑜伽之间的相似性。

通神论者有一个令人着迷的想法：他们相信，位于喜马拉雅山脉或西藏某地的一些大师正在影响或指导世界上每个人的思维。事实上，东方的魔法对心思健全的欧洲人来说，其影响是如此之强，以至于一些人坚信我所发表的每一个有价值的见解都是在不知不觉中受到了大师的启发，而我个人的灵感完全不重要。这种关于大师的神话在西方广泛流传并让人们深信不疑，它不是毫无根据的空谈，而是像所有神话一样，体现了重要的心理学真理。确实，东方正是我们当前经历的精神变革的根源。但这个"东方"并不是充满大师的西藏寺院,而是在某种程度上位于我们自己内心。新的精神形式将从我们自身心灵的深处涌现;它们将是心灵力量的表达,这些力量有望帮助我们抑制雅利安人强烈的掠夺冲动。我们也许将对东方那种空灵的无为主义生活有所领悟。然而,在这个充斥着美国化风潮的时代,我们距离达到这一境界还甚远,我认为我们仅仅迈入一个新的精神时代的门槛。虽然我不打算自诩为先知,但在阐述现代人的精神议题时,我不得不特别强调,在动乱时期涌现的对宁静的渴望,以及在不稳定中生发的对稳定的长期追求。新的生命方式是在需求和逆境中诞生的,而不仅仅是基于愿望或我们理想的规定。

以我所见,当代精神问题的关键点可以在心理生活对现代人的吸引力中找到。如果我们持悲观态度,可能会将这视为一种颓废的迹象;如果我们持乐观态度,可能会看到这是西方世界即将发生精神变革的前兆。不管怎么说,这都是具有重大意义的现象。因为它在各个民族的不同社会阶层中都有体现,所以更加值得关注。此外,它涉及那些无法预料且以我们无法预知的方式改变人们生活的心理力量,这一点正如历史所表明的那样。虽然今天仍有很多人未能察觉到这些力量,但它们是当前人们对"心理学"表现出浓厚兴趣的根本原因。心理生活的吸引力如此之强,以至于人们不会对那些他们必定能够发现的东西感到厌恶或失望,从而使心理生活中的任何异常或反常都不再被视为问题。

在世界众多荒凉和陈旧的大道上，有时候我们会感到无所适从和厌倦，这就像旅行者站在交叉口凝视着已经被无数前行者走过的人行道。在这样的时刻，我们内心可能会产生冲动，想要离开主道，去探索那些未经人踏足的小径。这种冲动是非常自然的，就像古希腊和罗马的居民在他们已经不再信仰奥林匹斯神灵之后，转向了对亚洲神秘崇拜的探索。这驱使我们探索的内在力量有时候会引导我们寻求东方的神秘学和巫术等领域。但同时这种力量会带领我们深入内心，去关注和思考我们的无意识世界。这种探索的力量和精神恰恰就像佛陀（Buddha）早期不承认任何神灵一样，因为它必须从近两百万神灵的遗产中解脱出来，用怀疑和坚持不懈的精神寻求那唯一可被信赖的原始体验。

如今，我们面临一个关键问题：我关于现代人的陈述究竟是基于事实的，还仅仅是一种错觉？不可否认，我所引述的事实在许多西方人看来可能完全是毫无相关的偶然性事件，在众多受教育者眼中，这些可能仅仅被视作遗憾的误解。然而，我不禁要问：当一个受过良好教育的罗马人看到基督教在社会底层人群中传播时，他的想法是什么？在西方世界，《圣经》中的上帝依然是一个鲜活的存在，就如同地中海那一侧的安拉一样。一方的信徒视另一方为不值得尊重的异端，若无法改变对方，则持怜悯与容忍之态。更重要的是，欧洲人可能认为宗教及其相关领域对普通大众和女性来说已足够，但它们与经济和政治事务相比，又显得不那么重要。

第十章 现代人的精神问题 227

仿佛是一个在晴空万里时预告即将来临的雷暴的人，我所提出的每一点都遭到了反驳。可能他是感知到了地平线之下酝酿的风暴——尽管这场风暴可能永远不会来袭。然而，在心灵的生活中，真正有意义的往往隐藏于意识的地平线之下。在讨论现代人的精神议题时，我们面对的是那些几乎不为人注意的事物，那些最深层的、最脆弱的事物，那些仅在夜晚绽放的花朵。白日之下，万物皆清晰可见。然而，夜晚与白日一样长久，我们也在夜晚生活。有人因噩梦而日夜颠倒，对于不少人来说，日间的生活本身就是一场无法醒来的噩梦，他们渴望夜晚的降临，那时，精神才会苏醒。我相信，现今有许多人正处于这样的状态，这就是为什么我坚持现代人的精神问题正如我所描绘的那样。我必须承认，我的观点确实有片面之嫌，因为我未曾提及现代人对现实世界的热情投入，这是每个人都能轻易观察到的现象。我们在国际主义或超国家主义的理想中见到它，这一理念在国际联盟及其他类似组织中得到实践；我们同样在体育、电影及爵士音乐中清晰地看到了它的体现。

在我们这个时代，人们常常遭受一系列心理与身体的矛盾困扰。这些困扰清晰地揭示了一个事实：人道主义的追求不仅仅是精神层面的，更应关注我们的身体。例如，体育运动展现了人体独有的价值，现代舞蹈亦是如此。而电影和侦探小说让我们能够安全地体验刺激、热情和渴望，这些在日常生活中往往被压抑。心理的魅力不仅在于它的吸引力，还在于它如何影响我们对自己的看法，即对人性的根本认知的重新评估。当人类在精神上长期压抑肉体后，如果我们现在重新发现了肉体的价值，这并不令人意外。这种情况可以被视作身体对精神的一种反击。当凯泽林（Keyserling）讽刺地称司机为我们时代的文化英雄时，他指出了一个深刻的观点：身体也渴望得到认可，它和心理一样，拥有独特的魅力。如果我们还固守精神与物质对立的老观念，我们可能会感到当前形势无法忍受的矛盾，甚至可能导致内部的分裂和冲突。然而，如果我们能够接受一个神秘的真理，即精神是内在的生动的身体，身体是外在的生动的精神，它们实际上是同一事物的两个方面，我们就能理解为什么超越现有意识水平，必须重视身体。我们还会发现，对身体的尊重不容许以精神名义否定身体的存在。与过去相比，今天对物质和心理生活的需求如此强烈，我们可能会误认为这是堕落的表现。但实际上，这可能预示着一种新生。正如诗人荷尔德林（Hölderlin）所言："在困境的深渊之中，拯救的曙光，随命运之轮缓缓升起。"[1]

我们看到的现实是，与其说西方世界正在以一种更快的速度发展，不如说这是一种充满张力的变化。美国式的节奏与平和、安静的生活方式形成了鲜明的对比，外在生活与内在生活，客观现实与主观现实之间的张力越来越大。这种张力可能预示着衰老的欧洲国家与充满活力的美国之间一场

---

[1] 这句话来自德国诗人荷尔德林的作品，德文："Wo Gefahr ist, wächst das Rettende auch."。这句话的意思是在面临危险和困难时，往往也会出现解决问题和拯救的机会。（译者注）

激烈的对决,也可能代表着有意识的人们或孤注一掷,或竭尽全力,尝试着引导这股力量,从自然规律中获取更大的改造力量。这些可能会有力地推动我们取得更伟大的胜利。当然,这个问题的答案仍然需要历史的见证。

在许多大胆见解的陈述之后,我愿在这一刻重回我们最初的诺言——保持节制与审慎。的确,我深知我的声音不过是万千声音中的一隅,我的经历只是浩瀚海洋的一滴水,我的知识范围不超过显微镜下的一片视域,我的内心之眼仅能捕捉到世界的一小部分,而我的观点不过是一场主观的告白[①]。

[①] 这里的"告白"指的是作者对自己思想、感受或信仰的承认。(译者注)

第十一章
是心理治疗师还是牧师

患者迫切的心理需求，而非科研人员提出的理论疑问，成为医学心理学和心理治疗领域最新进展的实际推动力。长期以来，医学界一直避免直接面对纯粹的心理问题，哪怕患者迫切需要这方面的关注。这种态度在很大程度上基于一种假设：心理问题应该由其他研究领域来处理。然而，随着对人类生物学一致性的认识加深，医学界扩大了其研究范围，开始整合实验心理学的知识，就像它在过去不得不多次向化学、物理学和生物学等科学分支借鉴知识一样。

这些科学分支走向新方向是一种自然进化。这种变革的本质在于，它们不再只作为目的而存在，而是因人类可能的应用而被赋予价值。例如，精神病学从实验心理学的宝库中汲取养分，并在称为精神病理学的广泛知识体系中找到了可借鉴之处，这是专门研究复杂心理现象的一个总称。精神病理学既依托严格意义上的精神病学发现，又依托神经学发现。后者原先涉及所谓心因性神经症的研究，并在学术讨论中延续至今。然而，在实践中，近几十年，训练有素的神经学家与心理治疗师之间出现了巨大鸿沟，这可追溯至早期对催眠术的研究。这种分歧是不可避免的，因为神经学特别关注特定的有机性神经疾病，而心因性神经症在常规意义上并不是有机性神经疾病。因此，这些神经症也不属于精神病学的领域。精神病学的特殊研究范围是心理疾病或精神疾病，而心因性神经症并不被普遍定义为精神疾病。它们实质上构成了一个独立的领域，没有明确的界限，并显示出许多过渡形态，这些形态既指向心理疾病，也指向神经疾病。

神经症的治疗揭示了心理因素对健康的深远影响，标志着医学心理学领域的一个重要转折点。这个特殊领域的研究，无论从精神病学还是神经学的角度出发，都指向一个对医学界有相当挑战性的发现：心灵本身就是疾病的根源。在19世纪，医学确立了其作为自然科学分支的方法论和理论框架，核心是基于物质因果关系的假设。在这一框架下，心灵并没有被视为一个独立的实体，而实验心理学也试图构建一种排除心灵本质的心理学。

然而，进一步的调查已经确凿地证明，心理神经症的关键因素在于心理因素，这是病理状态形成的核心原因。因此心理因素必须作为一个独立的实体获得认可，与遗传、体质、细菌感染等其他已知的病因并列。所有尝试将心理因素还原为更基础的物理因素的努力都未能成功。通过从生物学借鉴的本能概念来界定心理因素则更有希望。众所周知，本能是可以观察到的生理需求，它们源于腺体的功能，并且如实践所证，它们在一定条件下或通过某种影响作用于心理过程。因此，比起在神秘的"灵魂"概念中寻找心理神经症的特定原因，寻找可能通过对腺体的药物治疗最终可治愈的冲动失调似乎更为合理，不是吗？实际上，这正是弗洛伊德在建立其闻名的理论时的立场，他用性冲动的扰动来解释神经症。阿德勒也采用了冲动的概念，并以权力冲动的扰动来解释神经症。我们必须承认，相较性冲动，权力冲动在生理学上更为抽象，更偏向心理特质。

在科学范畴内，"本能"这一概念远未被清晰界定。它关联到一种复杂至极的生物学现象，不过是一个内容模糊、代表未知数的术语。我不意图在此对"本能"这一概念进行深入的批判性讨论。相反，我将探究心理因素仅是本能组合的可能性，而这些本能又可能进一步归结为腺体作用。我们甚至可以探讨所有通常被称作心理的活动都纳入本能总和之内，从而心灵本身不过是一个本能或本能集合，在最终分析中，仅仅是腺体功能的展现。因此，心理神经症将被视为一种腺体疾病。然而，这一断言尚未得到证实，并且未发现任何能治愈神经症的腺体提取物。另外，无数的错误已经向我们证明，传统的有机医药在神经症治疗方面完全失败，而心理治疗方法却能治愈。这些心理治疗方法就像我们所希望的腺体提取物一样有效。因此，根据我们目前的经验，神经症的影响或治愈应当从心理活动的角度出发，而非其不可还原

第十一章 是心理治疗师还是牧师

元素（腺体分泌物）的角度，这种心理活动必须被认为是实际存在的。比如，对患者的适当解释或一句安慰话语可能产生类似治愈的效果，甚至可能影响腺体分泌。的确，医生的话语仅仅是空气中的振动，但它们构成了匹配医生心理状态的特定振动模式。这些话语仅在它们传递出某种意义或重要性时才具有效力。有效的正是它们的意义。但意义属于心理或精神层面的概念。如果你愿意，可以将其视为虚构。尽管如此，它使我们能够以远比化学制品更有效的方式影响疾病进程。我们甚至能通过它影响身体的生化过程。无论这种虚构是自发产生的，还是通过人类交流从外界传入的，它都有能力让我病倒或治愈我。虚构、幻觉和看法或许是最抽象、最虚无的事物，但在心理乃至生理领域没有什么比它们更具影响力。

正是通过认识这些事实，科学才发现心理，我们现在有责任承认它的实际性。研究表明，驱力或本能是心理活动的一种条件，与此同时，心理过程似乎也在塑造本能。

将弗洛伊德和阿德勒的理论基于驱力并不是一种指责，唯一的问题是它们过于片面。它们代表的心理学类型忽略了心理，更适合那些相信自己没有精神需求或追求的人。在这个问题上，医生和患者都在自欺欺人。尽管弗洛伊德和阿德勒的理论比医学领域内任何早期的方法都更接近神经症的根源，但由于它们过分关注驱力，仍未能满足患者更深层的精神需求。它们仍然受到19世纪科学前提的限制，过于自明——它们对虚构和想象过程的价值给予太少。总而言之，它们未能赋予生活足够的意义。而只有意义丰富的东西才能使我们自由。

  日常的理性判断和基于常识的科学确实能帮助我们处理人生的许多问题。然而，它们不能涵盖人类生活的所有方面，因此我们的生活往往局限在平凡的事实和平淡的经历中。更重要的是，这些理性和科学方法无法解答那些关于精神痛苦和深刻意义的问题。我们可以这样理解：人们之所以患上心理神经症，是因为他们在生活中找不到意义，从而感受到深切的痛苦。然而，正是这种精神上的痛苦状态促成了精神领域的创新和人类心灵的进步。精神的停滞和心理的贫瘠是导致这种痛苦的主要原因。换言之，精神挑战和心理困境虽然带来痛苦，却也是推动个人成长和心灵发展的重要动力。

  当医生意识到这个事实时，他会发现自己站在一个新的领域门前，这是一个他只能小心翼翼接近的领域。现在，他面临一个关键挑战：向病人传递一种治愈的信念、一种能激发生命活力的意义。因为病人需要的不仅仅是理性和科学能提供的帮助，还渴望获得一种更深层次的治疗。病人正在寻找那些能触及他们内心深处的东西，一种能给他们神经质思维以意义和形态的东西。这种治疗不仅仅关乎身体的痊愈，更关乎心灵的疗愈。医生不只是治疗疾病，还要帮助病人找到生活的意义，给予他们新的力量。

  面对心理治疗的重任，医生可能会感到无力。一开始，他们可能会考虑将患者转交给牧师或哲学家，或者让患者在那个时代的混乱和困惑中自行摸索。作为医生,他们并没有被要求拥有一个完整的人生观念,因为他们的职业并未提出这样的要求。但是,当医生清楚地看到患者生病的原因时,情况就变得不同了。当他们发现患者患病是因为他们的生活中只有性欲而缺乏爱时,当他们发现患者缺乏信仰是因为害怕在不确定中探索时,当他们发现患者失去希望是因为现实世界扼杀了他们的梦想时,当他们了解到患者缺乏理解力是因为看不到自己人生的意义时,医生应该怎么做呢?

有许多受过良好教育的患者坚决拒绝咨询牧师。至于哲学家,他们更是不愿打交道,因为哲学史让他们感到冷漠,而智力问题在他们看来比沙漠还要荒凉。哪些伟大和智慧的人不仅仅是谈论生活和世界的意义,而是真正拥有它呢?人类无法构想出任何系统或最终真理,能给予患者生活所需的东西,即信仰、希望、爱和洞察力。

人类努力获得的就是这四大礼物,既不能教授也不能学习,既不能给予也不能取得,既不能保留也不能赚取,因为它们通过经验而来,而经验是给予的东西,因此超出了人类幻想。经验不能被制造,它们真实发生,但幸运的是它们与人的活动之间的独立性不是绝对的,而是相对的。我们可以更加接近它们,这在我们人类的能力范围之内。有些方式能使我们更接近生活经验,但我们应当警惕称这些方式为"方法"。这个词本身就有一种扼杀效果。而且,通往经验的道路绝非一种巧妙的伎俩,它更像是一次冒险,要求我们用自己的整个存在来承担。

因此，在试图满足患者提出的要求时，医生面临一个似乎包含着难以克服困难的问题。他如何帮助患者获得那种解放性的体验，使这种体验赋予他四大礼物并治愈他？我们当然可以出于最好的意图，建议患者应该拥有真正的爱、真正的信仰或真正的希望。我们还可以用以下的话语来告诫他："认识你自己。"但患者在获得体验之前，如何得到只有通过体验才能给予他的东西呢？

扫罗（Saul，圣保罗信教之前的名字）的转变既不是因为真爱，也不是因为真正的信仰，抑或其他真理。正是他对基督徒的仇恨把他引上了去大马士革（Damascus）的路，并获得了那个决定他一生走向的决定性体验。他是通过坚定地跟随自己彻底误解的道路，被引导至这一体验的。这为我们提供了一种解决生活问题的方法，我们几乎无法过于认真地对待它。这也让心理治疗师面临一个问题：善与恶的问题。

在现实中，与医生相比，应该是牧师或神职人员更应关注精神苦痛的问题。但在大多数情况下，患者首先咨询的是医生，因为他认为自己患有身体疾病，而且某些神经症状可以通过药物得到缓解。但是，如果咨询的是神职人员，他无法说服病人问题是心理的。通常他缺乏识别疾病中心理因素的特殊知识，他的判断没有权威性。

然而，有些人虽然清楚自己的病症是心理性的，但仍然拒绝求助神职人员。他们不相信神职人员真能帮助他们。这些人出于同样的原因不信任医生，这种不信任是有理由的，因为医生和神职人员往往对他们束手无策，更糟的是他们对自己的困难也无话可说。我们几乎不能指望医生对灵魂的终极问题有所发言。患者应该期待从神职人员而非医生那里获得这样的帮助。但新教牧师常常发现自己面临一个几乎不可能完成的任务，因为他必须应对天主教神父所免受的实际困难。最重要的是，神父拥有教会的权威支持，他的经济地位是安全、独立的。这对于可能已婚且负有家庭责任的新教牧师来说，情况远非如此，如果一切都失败了，他不能指望被他的社区支持或被接纳进修道院。但如果神父也是耶稣会士，甚至可以利用当今的心理学教导。例如，我知道我的著作在罗马被神父认真研究，远早于任何新教牧师认为它们值得一看之前。

我们已经走到了一个严峻的关口。德国新教教会的大量流失仅仅是众多症状之一，应该让神职人员清楚，仅仅是告诫、提供信仰或做慈善，并不能给予现代人所寻求的东西。许多神职人员寻求从弗洛伊德的性欲理论或阿德勒的权力理论中获得支持或实际帮助，这一点令人惊讶，因为这两种理论都是对精神价值持敌对态度的，正如我所说的，它们是没有心灵的心理学。它们是实际上阻碍实现有意义体验的理性治疗方法。大多数心理治疗师是弗洛伊德或阿德勒的追随者。这意味着大多数患者必然与精神观点疏远，对于一个非常重视精神价值的人来说，这一事实不可能是无关紧要的。目前席卷欧洲新教国家的对心理学的兴趣浪潮远未消退。它与普遍退出教会是同时发生的。引用一位新教牧师的话："如今，人们宁愿去找心理治疗师，而不是神职人员。"

我深信这种见解仅对那些受过较好教育的人适用，而不是普遍适用于全人类。然而，我们必须认识到，让普罗大众开始接受并思考今日受教育者的观点可能需要二十年的时间。以毕希纳（Buchner）的《力与物质》（*Force and Matter*）一书为例，这本书在受教育阶层开始淡忘它的二十年后，成了德国公共图书馆中广受欢迎的读物之一。我坚信，今天受教育人士对心理学的热情将在未来引发每个人共鸣。

　　我渴望指出这样几点。在过去的三十年，来自世界各个文明角落的人们纷纷向我寻求指导。数百位患者在我手下接受治疗，其中以新教徒居多，犹太人次之，而真正信奉天主教的不过五六位。在我的所有患者中，那些步入人生黄昏期——年龄超过三十五岁的人，无一例外，他们的挑战归根结底都是寻找一种宗教视角来审视人生。可以毫不夸张地说，每位因失去了宗教传递给信徒的寄托而陷入困境的人没有重新找到自己的宗教信仰，就未曾真正痊愈。显然，这与具体的信条或是否为某教会的成员毫无关系。

　　因此，神职人员如今有了更开阔的视野。但似乎这一切都未引起人们的注意。似乎，今日的新教牧师对应对我们这个时代的迫切心灵需求的准备尚显不足。的确，现在正是神职人员与心理治疗师联手，共同迎接这一庞大精神任务的关键时刻。

　　这个具体例子深刻揭示了这个议题与我们每个人的紧密联系。两年多以前，在瑞士阿劳（Aarau）举办的基督教学生会议的领导人向我提出了直接而具体的问题：面对精神上的困扰，人们今天是更倾向求助医生还是神职人员？他们做出此选择的原因是什么呢？当时，我所了解的仅限于我的患者明显更倾向寻求医生而不是神职人员的帮助。我对这是否普遍存在保持怀疑。因此，我无法直接回答这一问题。于是，我通过我的一些熟人对我不认识的人发起了一项问卷调查，参与者包括瑞士、德国、法国的新教徒和一些天主教徒。调查结果十分有趣，概要如下：看医生的新教徒占57%，天主教徒仅占25%；选择求助神职人员的新教徒为8%，天主教徒则为58%。这些是毫不含糊的选择。大约有35%的新教徒难以做出决定，而天主教徒中未做出决定的仅有17%。

选择不向教会牧师寻求指导的主要原因，广泛被认为是他们在心理学知识和洞察方面的缺失，这一因素占了全部答案的52%。大约28%的问卷调查参与者反馈认为牧师在其观点上存在偏见，并且偏好教条和传统。有意思的是，甚至有一位神职人员做出了向医生求助的决定，另一位牧师则带着不悦反驳："神学与看病又有什么关系呢？"所有回答我问卷的神职人员家属一致反对向神职人员寻求指导。

在这项调查中，由于它专门针对受教育的人士，其结果不免显得如同风中的一抹轻絮。我深信，未经教育的群体对此会有截然不同的看法。然而，我更愿意将这些发现视作对受教育群体观点的一个相对有效的反映，尤其是考虑到他们对教会和宗教事务日益增长的冷漠态度是一个公认的事实。我们不应忽略我曾提及的社会心理学的一条真理：从受教育者到未受教育者，一个普遍的生活观念的渗透大约需要二十年的时间。例如，谁能在二十年或者十年前预测到，作为欧洲最虔诚天主教国家的西班牙会发生我们今天所目睹的翻天覆地的精神变革？然而，这场变革如一场飓风席卷而来，震撼了世界。

在我看来，宗教生活的逐渐衰退与神经症的频繁出现存在着并肩的趋势。虽然我们还缺乏统计数据来具体证明这一增长，但我坚信，欧洲人的精神状态普遍显示出一种引人注目的不均衡。不可否认，我们正处于一个动荡不安、神经绷紧、充满混乱与方向感失落的时期。我的患者来自各个国家，都接受过教育，其中不少人来找我不是因为神经症的困扰，而是因为他们在生活中寻找不到意义，或是对那些既有的哲学和宗教都无法解答的问题感到痛苦。有些人可能曾期待我掌握某种解决之道，但我很快就不得不告诉他们，我也无法给出答案。这就引出了对这些问题的一些实际考虑。

让我们以一个常见的问题为例："我的生活或者生活本身意味着什么？"现代人通常认为他们已经知道神职人员会给出什么样的答案，或者更确切地说，神职人员必须给出的答案。而提到哲学家可能给出的答案时，他们往往只是微笑，并且对医生的回答不抱有太大期望。然而，从专门分析潜意识的心理治疗师那里，人们认为可以学到一些东西。他们可能从自己内心深处探寻到生活的意义，甚至是那些可以用金钱买到的意义。当心理治疗师也表示不知道该如何回答这个问题时，对于每一个认真思考的人来说，这其实是一种释怀。这样的坦诚往往是患者开始信任治疗师的起点。

我发现，现代人对传统信念和继承的真理抱有根深蒂固的反感。他们如同布尔什维克主义者一般，对旧时代所有腐朽落后的精神准则和形式已全然不信任，因此渴望在精神领域进行探索，正如布尔什维克在经济上所做的积极尝试。面对这样的现代观念，无论天主教、新教、佛教还是儒教，都面临着严峻考验。在这批现代人中，不乏那些贬低、破坏、逆向的人格——那些处处不满，因此向着每一面新旗帜聚集，给这些运动和尝试带来伤害的不稳定个体，他们希望找到某种东西，以较低代价弥补自己的不足。不言而喻，在我的职业实践中，我遇见了许多这样的现代人，包括那些病态的所谓现代人的伪现代人。但我更倾向不去深究这部分人。我所关注的并非那些疲软的怪人，而是那些具有才能、勇气的正直人士，他们以真诚、正当的原因而非心怀恶意地拒绝了我们传统的真理。他们中的每一个人都感觉到，我们的宗教真理以某种方式变得无足轻重了。他们无法将科学视角与宗教视角和谐统一，或者是发现基督教的教条已失去其权威性和心理学上的根据。人们不再通过基督的牺牲获得救赎，他们无法相信——无论他们多么渴望能如那些信徒一样感到幸福，也无法强迫自己去信仰。在他们眼中，罪恶变成了相对的事物：对一人是恶，对另一人可能是善。究其根本，为何佛陀的见解不可能正确呢？

这些问题和疑虑对任何人而言都不陌生。然而，弗洛伊德式的分析将这些问题一概视为次要，坚持认为核心问题在于被压抑的性欲，而哲学或宗教方面的疑惑只是掩饰了真实的情况。当我们细致地审视每个案例时，确实能够观察到在性功能以及广泛的无意识冲动领域中存在着特殊的扰动。弗洛伊德的方法是将这些扰动视为对整体心理障碍的解释，他仅仅关注性症状的因果解释。他完全忽视了一个事实，在某些案例中，尽管神经症形成的所谓原因一直存在，但在意识态度遭遇扰动导致神经症不安之前，并未产生病理效果。这就像在一艘因漏洞而下沉的船上，船员只关心涌入的水的化学性质一样。无意识驱动领域的扰动并非初级现象，而是次级现象。当有意识的生活失去了其意义和希望，仿佛一种恐慌被释放，我们听到了"今宵醉饮却愁明日之死"的呼声。正是由于生活的无意义引起的这种情绪导致了无意识的扰动，并促使了被抑制的冲动重新爆发。神经症形成的根因既存在于过去，也存在于现在，只有持续存在的原因才能使神经症保持活跃状态。一个人之所以患结核，并不是因为他二十年前受到了结核菌的感染，而是因为现在仍有感染源活跃。何时感染、如何发生对他当前的状况并不重要。即使对病例的历史了解得再详尽，也无法治愈肺结核。神经症亦是如此。

正因如此，我视患者带来的宗教问题为与神经症紧密相关，并可能构成其成因。但若我认真考虑这些问题，我必须向患者坦承，他的感觉是有根据的。的确，我认可佛陀可能和耶稣同样正确。罪恶仅是相对的，理解我们能因基督之死而感到任何形式的救赎都困难。作为一名医生，我可以毫不费力地承认这些疑虑,对于神职人员来说,这却是一件难事。患者感到我的态度是包容、理解的,而牧师的犹豫不决在他看来则是一种令人疏远的传统偏见。他会想:"如果我开始向他详述我在性方面的痛苦困扰,牧师会有何反应?"他正确地推测,牧师的道德偏见可能比其教条主义偏见还要深。在这个问题上,有一个关于美国总统柯立芝(美国第30任总统)的有趣故事。当他某个星期天早晨回到家,他的妻子询问他去了哪里。"我去了教堂。"他回答。"牧师说了什么?""他讲述了罪恶。""他对罪恶有何看法?""他反对罪恶。"

有人可能会以为,对医生而言,在这方面表达理解似乎是件轻松的事。但常被遗忘的是,医生同样有道德方面的顾虑,而且有时候患者的坦诚之言即便对医生而言也难以接受。只有当患者内心最阴暗的角落得到认可时,他才能感到真正被接纳。这种认可不是单纯通过言语就能实现的,而是源于医生的真诚以及他对自己及自己阴暗面的态度。若医生欲指导或陪伴他人走过一段旅程,他必须与对方的心灵生活建立连接。否则,当医生做出评判时,他就无法真正触及对方。不论他是将评判言说出来还是只留于心中,效果都是一样的。轻率地附和患者也无济于事,这样同样会造成患者的疏远感。我们只有通过一种公正无私的客观态度,才能与他人建立真正的联系。这虽听起来像是科学的准则,却可能被误解为一种纯理智与疏离的心态。然而,我想表达的是一种完全不同的人性化品质——对生命的事实、经历及承受这些经历的人的深深敬意，对这种人生之谜的尊重。真正具有宗教情怀的人便持有这种态度。他深知上帝以各种不可思议的方式实现了许多事，以最独特的方式触及人心。因此，他能在一切中感知到神意。这正是我所指的"毫无偏见的客观态度"，这是医生的一种道德成就，不应被病人的疾病或堕落所动摇。我们只有接受现实，才能引发改变。谴责不会带来自由，反而造成压迫。我谴责的对象不是我的伙伴或共患难者，而是我压迫的对象。这并不意味着我们在希望帮助和提升的人身上永远不应做出评判。但若医生愿助人一臂之力，他必须能够接纳对方的现状。实际上，只有当医生认识并接受了病人的实情时，他才能真正做到治病救人。

这听起来似乎过于简单，然而，正是那些最简单的事物往往最难以做到。在真实的生活中，实现简单需要极高的自制力，接纳自我则是道德挑战的核心，也是一种生活哲学的精髓。施食于饥、宽恕一切侮辱、以基督之名爱敌，这些行为无疑充满了高尚的美德。对待我最不起眼的兄弟，就如同对待基督一般。但若我发现贫穷的乞丐、无耻的罪人乃至敌人都居住在我心中，而我自己亟需我自己的仁慈，我自己便是那个必须被爱的敌人，这又将如何？在这种情况下，基督徒的态度往往会完全反转，爱与忍耐不复存在，我们对内心深处的那个兄弟说出"Raca"[①]，并对自己施以谴责。我们对外界隐瞒这一切，我们拒绝承认，在自己的内心深处曾经

[①] "Raca"是一个宗教术语。这个词出自阿拉姆语，意思是"空虚的人"或"愚蠢的人"，用来表示对某人的蔑视或侮辱。

有过这样的卑微。若是上帝自身以这样不堪的形式向我们靠近，恐怕在天亮雄鸡鸡鸣之前，我们就已千次否认了他。

借助现代心理学深入探索患者乃至自身生命的幕后场景的医生将会认识到，完整地接受自己的所有不足是艰巨的任务之一，而且几乎是无法完成的。如果现代心理治疗师不愿仅成为一个盲目的骗子，他必须这样做，仅是这一念头，就足以使我们因恐惧而脸色苍白。因此，我们不会迟疑，而是愉快地选择一条更为复杂的道路——在忙于他人及其问题和罪行的同时，对自我保持一种无知状态。这种行为为我们带来了一种美德的假象，使我们欺骗了自己和周围的人。借此，感谢上帝，我们能够逃避自我。尽管有许多人似乎可以毫无顾虑地这么做，但并非所有人都能够做到，少数人在前往大马士革的道路上崩溃，沦为神经症的受害者。如果我自己也是一位逃避者，甚至同样遭受癫痫的痛苦，我怎样才能帮助这些人呢？唯有完全接纳自己的人，才能真正拥有"无偏见的客观性"。然而，没有人可以自豪地声称他已完全接纳自己。我们可以回顾基督的榜样，他将自己对传统的偏见献祭于内在的神性，并坚持走完了自己充满艰辛的生命旅程，全然不顾世俗的约束或法利赛人的道德标准。

我们这些新教徒最终必须直面一个问题：我们是否应该将"效法基督"理解为模仿他的生活，甚至在某种程度上模拟他的圣痕，或者应该在更深层次上理解这一概念，即我们应该像基督那样真实地过自己的生活，全面地体现它的一切含义。按照基督的生活方式塑造自己的生活固然不易，真正像基督那样诚实地活出自己的生活更加困难。任何达成此目的的人都将挑战过去的种种力量,虽然这可能是他的宿命,但他仍然会面临被误解、被嘲弄、受折磨甚至被钉十字架的命运。他将被视为一个愿受钉十字架酷刑的狂热信仰者。因此,我们更偏向那种因圣洁而被转化、历史所认可的模仿基督的方式。我绝不会打扰那些身体力行、与基督合一的修士,因为他们配得上我们的尊重。然而,我和我的患者都不是修士,作为一名医生,我的职责是指导我的患者如何生活,以避免他们沦为神经症患者。神经症是一种内在的分裂、一种自我对抗的状态。任何加剧这种分裂的行为都会恶化病情,而减轻这种分裂的行为有助于治愈。将人推向自我对抗的,是他们认识到自己由两个相互对立的自我构成。这场冲突可能发生在感性自我与精神自我之间,或是自我与阴影之间。这就是浮士德所说的:"唉,我胸中住着两个分开的灵魂。"神经症是人格解离的体现。

神经症的治愈之道,可以视作一项宗教议题。在社交或国家层面,苦痛的状态可能呈现为内战,而要治疗这种状态,需要借助基督教倡导的宽恕美德,宽恕那些怀恨我们的人。我们试图以真挚的基督徒精神去应对外部挑战的方式,来处理治疗神经症时的内心状态。这正是现代人对罪恶的讨论已听得过多的缘由。他已经被自身的负疚感所深深困扰,迫切希望探求如何与自我和解——如何爱上内心的敌人,把内在的狼视作同胞手足。

现代人并不急于了解如何仿效基督,而是急于了解如何过好自己的个人生活，无论这生活多么贫乏和无趣。正因为所有形式的模仿在他看来都是令人厌倦和贫瘠的，他才会反抗那种力量，那种力量想要将他束缚在早已踏平的道路上。对他来说，所有这些道路都指向错误的方向。他可能不自知，但他的行为就好像他的个人生活充满了神的旨意，这个旨意无论如何都必须实现。这就是他自我主义的来源，而自我主义是神经症状态最明显的弊端之一。但是，说他太自私的人已经失去了他的信任，而且理所当然，因为那个人已经将他进一步推入了神经症的深渊。

如果我想治愈我的病人，就必须承认他们个人主义所具有的深远意义。如果我没有在其中认出真正的上帝意志，我将是盲目无知的。我甚至必须帮助病人在他的自我主义中取得胜利，如果他做到了这一点，他就会疏远其他人。他将他们赶走，而他们也来到自己身边，本该如此，因为他们曾试图剥夺他的"神圣"自我主义。这必须留给他，因为它是他最强大、最健康的力量。正如我所说，这是一个真正的上帝意志，有时会将他推向完全的孤立。尽管这种状态可能很悲惨，但它也对他有益，因为只有在这种完全被遗弃和孤独的状态下，我们才能体验到自己本性中的有益力量。

当我们多次目睹这种发展时，我们无法再否认，那些曾经的恶已经转化为善，那些看似善良的事物却维持着恶的力量。自我主义的大恶魔引领我们走上收获之路，走向宗教体验所要求的寻求内心的过程。我们在此观察到的是生活的一项基本法则——对抗转化，即向相反方向转化。正是这种转化，使冲突的人格的两部分得以可能重新融合，从而将内心的冲突终结。

我之所以以神经症患者的自我主义为例，是因为这是他们常见的症状之一。我同样可以选取其他特征性症状来展示医生必须对患者的不足采取什么态度，以及他如何处理"邪恶"的问题。

毫无疑问，这听起来也非常简单。然而，实际上接受人性阴暗面几乎是不可能的。想象一下，给予不理智、无意义和邪恶存在的权利意味着什么。然而，这正是现代人坚持要做的。他想要活出自己的每一面，了解自己是什么。这就是他把历史抛在脑后的原因。他想要打破传统，这样他就可以尝试他的生活，确定事物本身具有的价值和意义，而不考虑传统的预设。现代青年给我们提供了这种态度的惊人例子。为了说明这种趋势可能走多远，我将引用一个德国人向我提出的问题。有人问我，是否应该谴责乱伦，以及有什么事实可以证明乱伦是错误的。

考虑到这样的趋势，人们可能陷入的冲突并不难想象。我十分理解人们会想尽一切办法来保护自己的同伴免受这样的冒险。但奇怪的是，我们发现自己无法做到这一点。所有曾经如此强大的反对不合理、自欺和不道德的论据现在已经失去了效力。我们现在正在收获 19 世纪的教育果实。在那个时期，教会向年轻人传播盲目信仰的功德，大学则灌输了知识的理性主义，结果是当今我们无论祈求信仰还是理智都是徒劳的。对这种意见之争感到厌倦的现代人希望自己找出事情的真相。尽管这种欲望可能会打开危险的大门，但我们无法不将其视为一个勇敢的人，并给予一定的同情。这不是一种鲁莽的冒险，而是由深深的精神性困厄激发的努力，试图基于新鲜而无偏见的经验，再次给予生活意义。当然，谨慎是必要的，但是我们不能拒绝支持一个调动全部人格投入行动中去的严肃的事业。如果我们反对它，我们就是在试图压制人类最好的东西——他的勇气和抱负。如果我们成功了，我们只是阻碍了那个宝贵的经验，这个经验可能会赋予生活意义。如果保罗放弃了自己去大马士革的旅程，会发生什么呢？

每位投身心理治疗工作的心理治疗师在面对每一位求助者时，都需要深思熟虑一个关键问题：他们是否愿意通过咨询过程，支持一个人去经历一次可能充满风险甚至可能导致不幸的勇敢探索。在这个过程中，心理治疗师不能拘泥于固定的是非观念，也不应假装自己清楚什么是对的、什么是错的，这会削弱治疗过程中自己所能提供的丰富经验和深刻见解。心理治疗师的职责是密切关注和理解实际发生的事件和经历，因为只有真实发生的事情才具有实际意义。如果某件事情在理论上看似错误，但在实践中显示出比传统所谓的"真理"更强的效力，那么治疗师应该首先考虑这个看似错误的事物。这是因为这种看似错误的事物可能蕴含着强大的力量和生命力，而忽视这一点可能导致失去这种力量和生命力。正如光明需要黑暗来显现其存在一样，心理治疗中的真理也需要理解和接纳那些看似错误或不合逻辑的想法和行为。只有通过这种全面的理解和接纳，心理治疗师才能真正帮助求助者发现自己生命中的光明和力量，即使这个过程可能是充满挑战和不确定性的。

弗洛伊德的精神分析理论虽然在心理学领域有着开创性的贡献，但它在处理人内心深处的问题上有一定局限性。弗洛伊德主要关注揭示人类内心的阴暗面和潜在的邪恶，但他的理论在处理这些发现后的步骤上显得不足。通过精神分析，患者被引导去面对内心的冲突，但这种内战爆发后，弗洛伊德并没有提供足够的解决方案来帮助患者处理和整合这些内在的冲突。弗洛伊德忽视了一个关键事实：人类无法独立地与自己内心深处的黑暗力量（无意识的力量）进行对抗。在这种情况下，人们需要精神上的援助，而这种援助往往来自个人信仰的宗教。探索无意识意味着激发强烈的精神痛苦，就像是文明世界被野蛮力量侵袭，或是沃土被洪水淹没一样。这种情况不仅存在于全球性的事件中，如世界大战，也体现在个体层面。理性生活受到自然力量的威胁，一旦防御的墙崩塌，这些力量就会摧毁意识。从远古时代开始，甚至在最原始的文化中，人类就已经意识到了这种潜在的危险。为了抵御这种威胁并治愈因此造成的创伤，人类发展了宗教和巫术。这就是巫医也是牧师的原因：他既是肉体的治疗者，也是灵魂的拯救者。宗教成了一个治愈心理疾病的体系。在人类伟大的宗教传统中，尤其是基督教和佛教，提供了超越个体智慧的精神支持和解决方法。处于痛苦中的人往往无法仅凭自身的想法摆脱苦难，他们需要从更高的智慧中寻求启示和解脱。

第十一章　是心理治疗师还是牧师

在当代社会，由于破坏性力量，很多人遭受了精神折磨。这种情况促使患者寻求心理治疗师的帮助，他们期望治疗师能像牧师一样引导他们走出苦难。因此，心理治疗师不得不面对并思考许多本质上属于神学的问题。这些问题不能仅仅留给神学家来解答，因为患者迫切的心理需求使治疗师必须直面这些挑战。我们不能依赖过去流传下来的每一个概念和观点，因为它们往往无法满足当代人的心理需求。因此，心理治疗师首先必须与患者一同踏上探索疾病根源的旅程。这段旅程可能是患者曾经走过的错误道路，这条道路可能加剧了他们的内心冲突，加深了他们的孤独感，直至他们再也无法忍受。在这个过程中，治疗师的任务是帮助患者探索并理解他们心灵深处的破坏性力量，并在其中寻找到救赎的力量。

在探索心理治疗的旅程中，遇到未知和不确定性是很常见的。当我第一次尝试进入心灵的深处时，我也并不清楚会遇到什么。心灵深处这个领域，我称之为"集体无意识"，而其内容则被称作"原型"。这些原型是从远古时代就开始在人类无意识中爆发的力量，它们一次又一次地影响着我们的行为和思想。意识并不是与生俱来的，而是在每个人出生后的前几年中逐渐形成的。在这个形成过程中，意识非常薄弱。历史告诉我们，对于人类来说，情况也是如此——无意识往往容易占据上风。这些心理斗争通常会在我们的心灵中留下深刻的印记。科学用术语来描述这一现象，称之为"本能的防御机制"。该机制在面对重大危险时会自动启动，加以干预，通常通过植根于人类心灵深处的有益意象来发挥作用。本能的防御机制在必要时会被激活。科学努力确定这些心理因素的存在，并尝试通过提出关于其根源的假设来进行合理的解释。然而，这样做并没有真正解决问题，只是将问题推迟了一步。因此，我们面临着一些终极问题：意识是如何出现的？心理本质是什么？对于这些问题，目前的科学仍然无法给出满意的答案。

这好比在一个人病到了药石无效的阶段，原本破坏性的力量却意外地成了治愈的关键。这背后的原因是，人的内心深处潜藏着某种原始的力量，这种力量开始独立地发挥作用，成为心灵的指引。它取代了那个不再合适的自我，以及那些徒劳的意志和努力。这就像虔诚的信徒所说的，仿佛是上帝的指引。但在面对大多数患者时，我通常不会用这样的说法，因为它可能会让他们联想到那些他们需要抛弃的东西。相反，我会更谦逊地表达这一点，说是内心的觉醒，一种能够自发生长的心理状态。这种表达实际上更符合我们观察到的现象。当患者在梦境或幻想中遇到一些日常意识状态下难以理解的主题时，心灵的转变就开始了。对患者来说，这种体验就像是一种启示，他们的内心深处涌现出某些东西，呈现在他们面前。这些东西是如此陌生，超越了个人想象的范畴。在这个过程中，他们找到了通往心灵深处的路径，这标志着治愈之路的开端。

如果我们想要清楚地解释这个心理变化的过程，最好是通过一些具体的例子。但要找到完美的例子来说明这一点是相当困难的，因为这通常涉及非常细微和复杂的心理现象。很多时候，影响病人最深的是他们在梦中以一种独立和特有的方式处理自己的问题所带来的深刻体验。或者，他们的幻想可能会指向一些他们在平时意识思考中从未接触的事物。最常见的情况是，那些与人类共有的、根深蒂固的心理模式（原型）所带来的内容，无论患者是否能够理解它们，都会产生强烈的影响。这种心灵的自发活动有时会变得如此强烈，以至于患者可能会看到幻觉图像或听到内心的声音。这些都是精神直接体验的表现，是自古以来人类心灵深处的一种表达。

这些经历为受苦者提供了走过迷宫般道路的回报。从这一刻开始，一束阳光解除了他的困惑，他可以与内在的纠结和解，从而在更高的层次弥合他天性中的病态裂痕。

现代心理治疗面临的核心问题既重要又深远，单靠一个章节的篇幅难以详尽描述。但为了让读者有更清晰的理解，细节又是必不可少的。因此，我主要想强调心理治疗师在工作中应持有的态度。这比选择几个特定的治疗方案或建议更为关键，因为如果对这些内容的理解不正确，那么应用这些方法也不会有效。心理治疗师的态度远比治疗理论和方法本身更重要。这就是我一直想向读者展示的。我相信，我的描述是可靠的。至于牧师在心理治疗中能扮演什么角色，能贡献多少，我只能提供一些信息，其余则由读者自己决定。我相信我所描绘的现代人的精神面貌与实际情况相符，尽管我不敢说我的理解是完美无缺的。关于神经症的治疗和相关问题，我想说的是一些朴素的真理。在努力治愈心理疾病的过程中，我们医生自然希望得到牧师的同情和理解，但我们也清楚地意识到了阻碍双方充分合作的根本原因。我个人的立场是新教的，但我也会是第一个提出警告的人，不要根据个人经验轻率地下结论。作为瑞士人，我坚信民主，但我也认识到自己的天性中有些贵族的气派，甚至有些神秘。正如古老的拉丁谚语："朱庇特①可为之事，公牛不可为之。"这是一个不愉快但永恒的真理。我也相信，那些寻求宽恕的人若心怀博爱，无论犯下多少罪孽，都会得到宽恕。相反，那些不懂得爱人的人即使罪过不多，也会受到谴责。我深信，许多人之所以选择加入天主教，而非其他宗教，是因为他们在那里找到了所求。我还相信，基督教对那些拥有原始文化的人来说可能太难理解，与他们的传统不相容，因此他们往往以一种令人不悦的方式去模仿它。我还坚信，正如造物主创造的天地万物各式各样一样，人们对宗教的态度也各不相同，无论天主教对新教的敌视还是新教对天主教的反对，都是这种多样性的体现。

　　活的精神，永恒成长，挣脱旧日语言的束缚，自由挑选其化身，借声于世，诉说不朽。这活的精神，在人世间历史的洪流里，以千万种不可思议的姿态，不断重生，追寻它的终极。相较它的辽阔，人赋予的名号与形态不过是浅尝辄止。它们仅是那永恒之树上随风轻曳的绿叶与绽放的花朵，是瞬息万变的美丽，是转瞬即逝的辉煌。

---

① 朱庇特，在罗马神话中是众神之王，对应希腊神话中的宙斯。"朱庇特可为之事，公牛不可为之"这句话体现了一种普遍的社会规则：不同的身份和地位决定了个体能够采取的行为范围。